독자의 1초를
아껴주는 정성을
만나보세요!

세상이 아무리 바쁘게 돌아가더라도

책까지 아무렇게나 빨리 만들 수는 없습니다.

인스턴트 식품 같은 책보다

오래 익힌 술이나 장맛이 밴 책을 만들고 싶습니다.

땀 흘리며 일하는 당신을 위해

한 권 한 권 마음을 다해 만들겠습니다.

마지막 페이지에서 만날 새로운 당신을 위해

더 나은 길을 준비하겠습니다.

매스매틱스

매스매틱스
3

이상엽 지음

길벗

Preface

수학에 인격이 있다면

아마 불같이 화를 낼 거예요.

자신은 교과서와 전공 교재라는 틀에 갇혀 있는 것이 아니라고요.

다른 학문과 기술을 위해서 존재하는 것도 아니며

점수 따위로 재단되는 것은 더더욱 아니라고요.

자기를 미워할 거라면

제발 누구인지는 좀 알고 나서

미워하라고요.

제가 이 소설을 쓴 이유는 수학 지식을 전달하고자 함이 아닙니다.

이 소설을 통해 여러분이 수학과 친해지기를

바라는 마음에서 썼습니다.

이 소설의 주인공은 여러분입니다.

알콰리즈미 시대

al-Khwārizmī

칼리파의 과제

I.

난 그저 서연이가 행복하기만을 바랐을 뿐이다. 학교 방문을 준비하는 모습치고는 과도한 키릴로스 호위군의 무장을 보고도, 비록 마음 한편에 불길함은 있었으나 서연이에게 이를 미리 알리지 않았던 건 이제 내가 그녀를 놓아줘야 하니까. '그 녀석'이 내게 그리 당부했었으니까.

그런데 어디서부터 잘못된 걸까. 자꾸만 눈물이 멈추지 않는다.

"나도 너 가는 곳으로 따라갈게. 이제 다시는 널 놓지 않아. 서연아."

그 순간 기적이라도 일어난 걸까. 서연이가 나를 보며 웃었다. 그리고 잘 움직이지도 못하는 두 팔을 애써 뻗어 힘없이 날 감싸 안았다.

고통스러운 '그 증상'도, 몸에 박힌 화살들로 인해 살이 타들어 갈 것 같은 아픔도, 그 무엇 하나 견디기 힘들다는 걸 누구보다도 내가 제일 잘 안다. 그래서 더욱, 엷지만 분명하게 내게 보여준 그녀의 미소가 어떤 의미인지 분명하게 느낄 수 있다.

나의 잘못된 판단으로 이런 상황까지 끌고 온 죄책감, 그런데도 이런 날 잊지 않고 다시 기억해 준 서연이에 대한 반가움 그리고 고마움이 한데 엉겨와 소용돌이친다.

… 일단 도망가야 해.

눈물을 닦고 그녀를 들기 위해 두 팔에 가득 힘을 주었다. 하지만 방금 맞은 화살 탓에 근육이 찢어지는 고통만 느껴질 뿐, 내 오른팔에는 아주 작은 힘조차 들어가지 않았다.

이를 악물며 왼팔 하나로 서연이를 받치고 자리에서 일어났다. 그제야 제국 군대의 발소리가 선명하게 들렸고, 놀란 나는 홀린 듯이 뒤를 돌아보았다.

절망에 가까운 탄식이 새어 나온다. 살기등등한 병사들의 표정이 보일 만큼 어느새 우리는 무척이나 가까이 따라잡혀 있었다.

이대로 끝인 걸까.

"그러니까 내가 말했잖아. 끝까지 아는 척하지 말라고."

이 목소리는?!

고개를 돌려 목소리의 주인을 보았다. '그 녀석'이다! 아니 대체 언제부터 여기 있었던 거지?

"너 이 자식!"

"뭐야, 구해주려고 기껏 나타나 줬구먼. 살기 싫어?"

"너! 너 때문에 서연이가!"

녀석은 내 말을 들은 체도 않더니, 별안간 자신의 오른손을 들어 제국 군대를 향해 뻗었다.

으악!

갑작스러운 비명이 온 사방에 울렸다. 깜짝 놀라 돌아보니 족히 수백은 될 법한 병사들이 단 한 명도 빠짐없이 바닥을 구르며 고통스럽게 울부짖고 있었다.

눈앞에 펼쳐진 광경은 마치 지옥과도 같았고 나는 순간 압도되고 말았다.

… 서연이는?!

정신을 차려 서연이를 보니 다행히도 그새 증상이 모두 지나간 건지 눈을 감고 편안한 표정으로 내 품에 조용히 안겨 있다.

이제는 뭘 어떡해야 하지?

오만가지 생각으로 머릿속이 온통 까매진다. 이러지도 저러지도 못하고 있는 나를 향해서 녀석의 이죽거리는 모습이 눈에 들어온다.

"지금 저 병사들을 저렇게 한 게 너냐?!"

녀석은 피식 웃더니 별안간 정색하는 얼굴로 내 품에 안긴 서연이를 보았다. 그리고 서연이에게 시선을 고정한 채 내 쪽으로 걸어오기 시작했다.

"내 말 무시하는 거야?! 저 사람들을 저렇게 쓰러뜨린 게 너냐고!"

바로 코앞까지 온 녀석은 여전히 내 말은 무시한 채 서연이만 뚫어져라 바라볼 뿐이었다.

그렇게 몇 초간 가만히 있는가 싶더니, 이내 굳게 다물고 있던 그 입을 열었다.

"죽었네."

"뭐?"

문득 스친 불안한 마음에 서연이를 내려보았다. 그녀는 여전히 눈을 감은 채 편안한 표정이었다.

그러고 보니 이미 그 증상이 지나간 상태라면 왜 아직도 일어나지 못하는 거지?

"서연아? 눈 좀 떠봐. … 서연아?"

그녀를 받치고 있던 왼팔을 흔들어 보았다. 그러자 위태롭게 내 몸을 감싸 안고 있던 서연이의 두 팔이 그대로 맥없이 바닥으로 툭 떨어졌다.

"아, 안 돼!"

난 급히 서연이를 바닥에 눕혔다. 코 쪽에 귀를 가까이 대고서 온 신경을 집중해 보았다. 하지만 다급한 내 마음과는 달리 그녀의 숨소리가 느껴지지 않는다. 얼굴을 두드려도 여전히 미동조차 없다.

형언할 수 없는 절망감.

나는 바닥에 털썩 주저앉았다. 이건… 거짓말이다. 그래. 지금 이건 다 꿈일 것이다.

"일단은 다른 데로 좀 가자. 더 했다가는 쟤들도 다 죽어."

녀석은 내게 알 수 없는 말을 하더니 별안간 자신의 손바닥으로 내 두 눈을 가렸다. 치밀어오는 불쾌감에 나는 본능적으로 녀석의 팔을 쳐냈다.

그리고 그 찰나의 순간 눈앞에 펼쳐진 공간이 완전히 뒤바뀌었다.

II.

화려한 꽃무늬가 장식된 붉은 커튼이 바람에 살랑살랑 흔들린다. 푸른 아라베스크[1] 카펫이 깔린 바닥 위로 『올바르게 확립한 브라마 원칙』이라고 적힌 책이 보인다. 저건… 브라마굽타의 책. 스승님과 내가 번역 중이었던?

… 서연이는? 군대는? 내가 맞은 화살들은? 오른팔은 여전히 힘이 들어가지 않는데.

아아, 뭐야. 오른팔을 베고서 바닥에 누워 자고 있었구나.

허탈한 웃음이 새어 나온다. 끙끙거리며 간신히 몸을 일으켜 왼손으로 감각이 없는 오른팔을 들어 무릎 위에 올려놓았다. 이내 조금씩 피가 돌며 미칠 듯이 저려왔다. 부드러운 촉감의 카펫은 마치 나에게 현실 감각을 깨워 주려는 듯 발가락 사이로 파고들어 날 간지럽힌다.

후욱.

길게 한숨을 내쉰다. 정말이지 너무나 생생한 꿈이었다.

꿈속에서 나는 이아손이란 이름의 편지 배달원이었다. 알렉산드리아 대학의 수학 교수인 사라를 짝사랑하는, 아니 마지막 순간에는 그녀도 나를 안아 주었지. 왜냐면 그녀는 사라이자 서연, 한때는 소니아였으니까. 더 전에는 셀레네 님이었고, 그때의 나는….

---

1 이슬람 문화권에서 발달한 기하학적 장식 무늬.

맙소사. 이 기억들은 다 뭐지? 나는 누구지? 방금 꾼 꿈은 단순히 꿈이 아니었나!

"네가 누구긴 누구겠냐. 아미르지. 크크."

"뭐?!"

깜짝 놀라 옆을 보니, '그 녀석'이 어느새 내 방구석에 몸을 기댄 채 서 있었다.

"넌 그 녀석…. 어떻게 된 거야? 지금 이건 모두?"

"어떻게 된 거긴. 지금 이게 너의 현실이잖아?"

"웃기는 소리 하지 마! 방금까지의 내 삶들도 모두 진짜였어!"

"얼씨구, 나 참. 누가 뭐래? 넌 언제부턴가 나만 보면 화를 내더라?"

"이 자식아! 먼저 나에게 거짓말을 하고서 뒤통수를 친 게 누군데!"

나는 자리에서 벌떡 일어나 힘이 돌아온 오른손을 뻗어 녀석의 멱살을 와락 움켜쥐었다.

"푸하하하! 누가 들으면 진짜로 내가 너희들처럼 거짓말이나 하는 놈인 줄 알겠네."

"했잖아, 거짓말! 내가 서연이를 계속 모른 척하면 그녀가 행복하게 살도록 해 주겠다는 약속!"

"그 약속을 먼저 어긴 게 누군데?"

"뭐?"

녀석은 멱살을 쥔 나의 손을 가볍게 뿌리치더니 툭툭 터는 시늉을 했다. 일순간 나는 말문이 막혔고 그렇게 몇 초간 정적이 이어졌다.

"야! 화낼 사람은 오히려 나야, 아미르. 사라를 끝까지 모른 척하겠다는 약속을 먼저 어긴 건 다름 아닌 이아손이었던 너라고."

"…?"

"구질구질하게 계속 그 아이 앞에서 알짱거리기나 하고 말이야. 꽂아둔 편지에 답장하질 않나. 참나. 그렇게 티를 팍팍 내고 다녔으면서. 뭐? 약속을 먼저 어긴 게 나라고?"

"그, 그건!"

… 그렇다. 분하지만 차마 녀석의 말에 아니라고 속 시원히 반박할수는 없다. 하지만 녀석이 내 행동을 그렇게나 빠짐없이 모두 보고 있었을 줄이야. 생각조차 못 했다.

"아미르. 너만 아니었으면 사라는 그곳에서 평생 잘살았을 거다. 망친 건 내가 아니라 바로 너야."

"그러면 설마 서연이는… 정말로 죽은 거냐? 나 때문에?"

"그래. 그랬다면?"

눈앞이 깜깜해졌다. 그 증상이 온 것도 아닌데 심장 박동 소리가 머리까지 진동했고 온몸에 뜨겁게 열이 올라 눈이 빠질 것만 같다.

"그러면 나도 따라 죽어야지."

"뭐?!"

그래. 이렇게까지 더 살아가야 할 이유가 뭘까? 어차피 아미르라는 이름을 가진 지금의 나도 이아손이었던 삶처럼, 율리우스나 엘마이온이었던 삶처럼 그리고 이름이 기억나지 않는 그때의 삶처럼 흘러가 버릴 텐데.

이제는 이런 인생, 더는 살고 싶지 않아.

"참나. 그 아이가 그렇게나 중요하냐? 네 인생도 버릴 만큼?"

"…"

"얼씨구. 진짠가 보네? 멘탈이 아주 제대로 박살 나셨구만."

아무런 생각도 나지 않는다. 그저 멍할 뿐이었다. 그런데 그때 아래층에서 나를 부르는 목소리가 들려왔다.

"아미르! 낮잠 그만 자고 이제 일어나라!"

"…"

"아미르! 곧 마그립[2] 시간이야! 얼른 내려와! 앤 도대체 낮잠을 몇 시간이나 자는 거야?"

저 목소리는… 내 스승인 야쿱[3] 님의 목소리다.

"야. 죽을 때 죽더라도 하늘같이 떠받드는 네 스승님 말씀은 들어야 하지 않겠냐? 얼른 내려가 봐. 크크."

녀석은 축 처진 나를 붙잡아 억지로 일으켜 세웠다. 면상에 주먹이라도 한 방 날리고 싶은 마음이 울컥 솟았지만, 이제 그런 게 다 무슨 의미일까 싶어 그만두었다.

등을 떠미는 녀석의 힘에 못 이겨 방을 나온 나는 터덜터덜 아래층으로 내려갔다. 예배 전 가벼운 세정 의식을 위해 깨끗한 모래를 나르고 있는 스승님의 모습이 보인다. 스승님은 날 보더니 특유의 익살스러운

---

2 마그립(Maghrib)은 이슬람교에서 해가 진 직후에 드리는 저녁 예배이다.

3 흔히 '알킨디'라 불리는 수학자.

표정을 지었다.

"오늘은 좀 약식으로 하고 넘어가자. 아미르. 요즘 너나 나나 다 바쁘잖냐. 응?"

… 이런 것들이 대체 다 무슨 소용일까. 나는 작게 한숨을 내쉬었다. 그러다 건너편 방에서 걸어 나오는 여인의 모습을 보고서 숨이 턱하고 멎는 기분을 느꼈다.

그녀의 이름은 사피야. 그리고 분명하게도 서연이었다.

Ⅲ.

장황하게 늘어놓은 녀석의 말을 정리하자면 사피야, 아니, 서연이는 지난 삶의 기억을 모두 잊은 상태다. 그 말이 진짜라면 아까 나를 보고서도 아무렇지 않게 대하던 그녀의 모습이 이해는 된다. 하지만…

"어떻게 그럴 수가 있지? 서연이는 나보다도 훨씬 더 많은 기억을 간직하고 있었어! 애초에 기억을 잃지 않는 방법을 나에게 알려준 사람도 서연이라고."

"아아. 일기 말이냐? 그게 참 거슬리는 것이긴 해. 크크."

"…"

"뭐, 사실 너희들의 불필요한 기억을 지우는 거야 나한테는 전혀 어려운 일이 아니야. 만약 그게 어려운 일이었다면 인류의 이야기는 보기 흉하게 꼬여버렸을 테지. 다만 그 일기라는 게 생각지 못했던 변수였지

19

만.”

“그럼 사피야는… 이제 서연이일 수 없다는 얘기야?”

“기억을 잃으면 그 사람이 아닌 거라도 된다는 말이냐? 그보다는 일단 그 애가 살아있다는 사실이 중요한 거 아니고?”

“…”

모르겠다. 이 상황이 과연 다행인 걸까? 분명 서연이가 살아있다는 사실 자체가 감격스러운 일이긴 하지만.

“그래서 하는 말인데, 아미르. 내가 너에게 제안을 하나 할까 해.”

“제안?”

“나는 너희들의 기억을 지울 수도 있지만, 기억을 되돌려 주는 것도 가능하거든. 사피야의 지난 기억들도 말이지.”

“그게 정말이야?”

“물론.”

어두컴컴했던 마음에 일순간 밝은 빛이 들어오는 기분이다.

“말해! 내가 뭘 하면 되지?”

녀석은 갑자기 돌변한 내 태도가 우습기라도 한지 배시시 웃으며 답했다.

“첫째, 일단 열심히 살아. 아미르로서.”

“… 그리고?”

“둘째, 일기는 앞으로 절대 금지. 그리고 셋째, 당연한 얘기지만 사피야의 기억을 되돌리려는 그 어떠한 시도도 하지 마. 일기장 따위는 얘기조차 꺼내선 안 돼. 이 세 가지가 다야. 간단하지?”

일기를 쓰지 말라는 건 나도 서연이처럼 지난 삶의 기억을 잊길 바란다는 얘긴가.

"만약에 그 세 가지를 어기면 어떻게 되는 거지? 서연이의 기억은 앞으로 영영 돌아올 수 없게 되나?"

"아니."

"그럼?"

녀석은 얼굴에 웃음기를 싹 거두고 정색하며 답했다.

"이번에야말로 내가 너희를 세상에서 깨끗이 지워버릴 거야 영원히."

온몸의 털이 쭈뼛 곤두서며 나도 모르게 침을 꿀꺽 삼켰다.

IV.

"아미르! 아직 안 일어났니? 출근해야지!"

야쿱 스승님의 목소리에 눈을 떴다. 벌써 아침인가. 밤새 이런저런 답 없는 고민으로 잠을 설쳤더니 온몸이 찌뿌둥하다.

대충 옷을 걸치고서 아래층에 내려가니 분주하게 출근 준비 중인 스승님의 모습이 보인다.

"파즈르[4]는 안 합니까?"

"오늘은 생략하자. 흐흐. 너도 하기 귀찮잖아?"

"또 제 핑계를 대시네요. 알라[5]께서 보시면 아주 노발대발하시겠습니다."

"내가 말했지. 예배란 뭐다? 바로 자기 정화에 그 목적이 있는 거다. 그리고 또, 알라와 가까워지는 방법은 본디 예배가 아니라 뭐다?"

"이성을 갈고닦는 것이다."

"고렇지! 암."

"어휴. 스승님께서 그렇게 날림 신앙인이란 사실을 다른 분들께서도 아세요?"

"음… 그거야 네가 다른 사람들한테 말만 안 한다면 모르겠지? 으흐흐."

스승님께서는 넉살 좋게 웃어 보이셨다. 그 웃음에 나도 피식 웃음이 나오는 그때, 건넛방에서 문이 열리며 사피야가 걸어 나왔다.

사피야는 나와 함께 이 집에서 살고 있다. 3년 전 전쟁으로 나도 사피야도 모두 부모님을 잃고 고아가 된 신세였지만, 야쿱 알킨디 스승님이 거두어 친자식처럼 보살펴 주고 계신다.

물론 삶이 덧씌워지기 이전에도 나는 사피야를 남몰래 좋아하고는

---

4 파즈르(Fajr)는 동트기 전 드리는 이슬람 예배이다.

5 알라(Allāh)는 신을 의미하는 아랍어 호칭이다.

있었지만, 지금은 정말이지 그녀 앞에서 어떤 표정을 지어야 할지 모르겠다. 서연이, 셀레네 님이, 소니아가, 사라가 겹쳐 보이는 그녀를 어떻게 예전처럼 대할 수 있겠는가.

"사피야. 웬 히잡[6]이냐? 너도 나가려고?"

그러고 보니 사피야의 한 손에 외출복이 들려 있었다. 스승님은 사피야에게 평소 집에 있을 때만큼은 굳이 머리와 얼굴을 가리는 거추장스러운 의복을 걸치지 않아도 된다고 하셨다. 이 시대의 상식에선 있기 힘든 일이지. 아무리 한집에서 지낸다 해도 나도 스승님도 사피야의 진짜 가족인 건 아니니까.

"네. 저도 오늘 지혜의 집[7]에서 책 몇 권 좀 빌려올까 해서요."

"며칠 전에 가져다준 수학책들은? 벌써 다 봤고?"

"네."

"그 많은 걸? 난 네가 질문도 한 번 안 하길래 그냥 보다가 중도에 포기한 줄 알았는데, 아니었나 보네? 이따가 검사해 본다?"

"후훗. 네."

사피야는 예전부터 무척 학구적인 아이였다. 전에는 그냥 그러려니 했지만, 이제 와서 보니 서연이라서 그런 거였구나 싶다. 근래 들어서는 부쩍 수학에 많은 관심을 두는 모양인데, 책 내용을 흡수하는 속도

---

6 히잡은 무슬림(이슬람교도) 여성들이 외출 시 착용하는 의류로 베일의 일종이다.

7 지혜의 집은 9세기경 7대 칼리파인 알마문 시대에 세워진 도서관이자 번역 전문기관이다. 당대 세계 각지의 지식을 집대성하여 이슬람의 황금 문화기를 이끌었다.

가 놀랍도록 빠르다. 역시 기억을 잃었다고 해도 서연이는 서연이니까 어찌 보면 당연한 일이겠지.

V.

내가 일하는 마디나트 아스 살람[8]의 지혜의 집은 그 옛날 알렉산드리아 도서관에 비견될 정도로 큰 도서관이자 학교이며, 번역 기관이다. 알마문 칼리파[9]께서 번역서의 무게에 따라 금화를 포상으로 내리기 시작하면서 지혜의 집에 소속된 학자들은 동서방을 막론하고 무수히 많은 서적을 경쟁적으로 들여와 번역하여 출간하고 있다.

나와 야쿱 스승님은 주로 고대 그리스의 수학 서적 번역을 담당하고 있는데, 스승님은 번역 일과는 별개로 독자적인 수학 연구 내용들을 바탕으로 책도 출간하신다. 특히 몇 년 전에 지혜의 집 관장인 무함마드[10]님과 공동 저술한 『힌두 수에 의한 계산법』[11]은 이 시대에 손꼽히는 명저 중 하나이다.

---

8 마디나트 아스 살람(Madinat as Salam, '평화의 도시'라는 의미)은 바그다드의 옛 이름이다.

9 칼리파(Khalifah)는 이슬람 국가의 지도자·최고 종교 권위자의 칭호이다. 알마문(786년~833년)은 아바스 왕조의 제7대 칼리파다.

10 흔히 '알콰리즈미'라 불리는 수학자.

11 이 책의 라틴어 제목은 'Algoritmi de numero Indorum'인데, 오늘날의 알고리즘(Algorithm)이란 용어는 바로 이 책 제목의 첫 단어인 Algoritmi에서 유래하였다

"아미르. 오늘도 평화가 네게 있기를."

오늘 번역에 참고할 책들을 한 아름 안고서 연구실로 가는 내게 익숙한 목소리가 들려왔다. 의학 서적 번역 담당인 후나인 선배였다.

"앗, 네! 선배님께도 평화가 있기를."

"어제 잠 별로 못 잤어? 좀 피곤해 보이는데?"

선배는 미소를 지으며 손으로 가볍게 내 어깨를 툭 쳤다.

"아녜요, 거뜬합니다, 선배님. 하하…"

"아! 너도 이따 전체 회의한다는 소식 들었지?"

"네? 오늘요?"

나는 책들을 잠시 옆에 내려두고서 선배와 마주 섰다.

"어. 아침에 칼리파께서 또 급한 건수 하나 내리셨다던데? 나도 방금 들은 거야."

"아이고. 이번엔 또 무슨 일이려나요. 수학 분야는 좀 아니었으면 좋겠는데."

"엄살은. 막상 또 일을 맡으면 가장 잘하면서."

"에이. 선배님을 따라잡으려면 한참 멀었죠."

후나인 선배는 씩 웃더니 내가 나르던 책더미를 보며 말했다.

"참, 아미르. 언제 말해주려고 했는데 나도 요즘에 수학 공부한다."

"오, 진짜요?"

"어. 최근에 알하산이 번역한 책을 읽어봤는데 엄청 재밌더라고. 타원에 관한 내용인데."

"와… 하여튼 선배님 머리는 좀 타고나신 것 같습니다. 저번에는 역사학이랑 지리학도 재미있다고 하시더니?"

"아냐, 달라. 완전히! 물론 네가 나보다는 훨씬 더 잘 알겠지만, 논리의 깊이부터가 다르고. 읽다 보면 진짜로 '아, 이런 게 바로 학문의 정점인 건가?' 싶더라."

"하하. 그리 말씀하시니 괜히 저도 기분이 좋아지네요."

"아예 지금부터 조금씩 준비해서 나중에 내 아들도 너처럼 수학자로 키워볼까 싶은데. 어때? 네가 보기엔 수학자라는 직업이 앞으로도 잘나갈 것 같아?"

"그거야 저도 모르죠. 하하. 그런데 계속 공부하시다가 보면 마음이 바뀌실 수도 있습니다."

"그래? 그거야 뭐 나중이 돼 봐야 알겠지. 하여튼 혹시 시간 되면 네가 번역한 책 중에서도 재미난 거 좀 나한테 알려줘. 읽어 보게."

"뭐든 신의 뜻대로요. 조만간 선배님과 수학 얘기를 할 날도 오겠군요. 벌써 기대됩니다."

선배는 씩 웃었다.

"난 이제 다시 연구실로 들어가 봐야겠다. 이따가 회의 때 봐. 수고하고!"

"네. 선배님도 힘내십시오."

가볍게 악수를 주고받고서 다시 각자의 연구실로 향했다.

하긴. 제대로 맛보기 시작하면 수학만 한 게 없긴 하지. 그러고 보면 참 우스운 일이 아닐 수 없다. 한때는 수학과 담쌓고 살았던 내가 몇 개의 삶을 거치면서 자연스레 수학과 어울리게 되었고, 이제는 아예 수학을 직업으로 삼고 있으니.

이럴 줄 알았으면 진작에 그 시절부터 제대로 공부해둘걸. 그랬다면 지나온 여러 삶 중에서 적어도 이름 한둘쯤은 수학사에 남았을 텐데.

VI.

공지된 회의 시각까지는 아직 시간이 좀 남았지만, 벌써 회의장에는 지혜의 집에 소속된 사람들이 거의 다 와 있었다. 수업을 맡은 선생님들과 평소에는 자주 보지 못하는 다른 학문 분야 담당 번역가들까지 모인 걸 보면 이번에 칼리파께서 대체 무슨 일을 내리신 건지 궁금해진다.

"스승님. 그런데 저 빈자리들은 뭘까요?"

나는 회의장 오른편에 아직도 비어 있는 자리들을 가리켰다.

"음… 글쎄, 올 사람들은 대충 다 온 것 같은데."

별안간 뒤에서 웅성거리는 소리가 들려오기 시작했다. 돌아보니 한 무리의 사람들이 회의장에 들어오고 있었다.

"어? 저 사람들은 마스지드[12] 분들 아닙니까?"

"그러네. 웬일이지? 저 사람들도 회의하러 왔나?"

그들은 안으로 들어와 비어 있던 오른쪽 빈자리를 채웠다. 장내를 둘

---

12   마스지드(Masjid)는 이슬람교 사원을 말하며, 영어로 모스크(Mosque)라 한다.

러보니 그들을 신기한 시선으로 바라보는 건 비단 나뿐만은 아니었다.

"야쿱 스승님. 오늘 대체 무슨 일이길래 이렇게 다들 모이는 겁니까?"

"그만큼 막중한 일이다~ 뭐 그런 거겠지."

"막중한 일이래도 마스지드 분들까지 와서 뭐 도울 만한 게 있을 리는 없잖습니까? 예배를 드릴 것도 아니고."

"무슨 소리. 도움이 되지."

"네?"

나는 의아한 눈으로 스승님을 보았다.

"나도 깊게는 모르지만, 우리 지혜의 집과는 별개로 마스지드에도 연구소와 연구원들이 있거든. 당연히 우수한 사람들도 많고 말이야. 저 사람들은 아마도 그들 중에서 선발돼서 온 연구원들일 거야."

"마스지드에 연구소요? 아니, 무엇을 연구하는데요?"

야쿱 스승님은 한심한 표정으로 날 쳐다보셨다.

"뭐긴 뭐겠냐? 수학이랑 과학이지."

"네!? 정말입니까?"

난 깜짝 놀랐다. 사원에서 수학 연구라니!

"단적으로 말이야. 저 사람들이 적어도 우리보다 계산에 관해서는 지식이 많으면 많았지 적지는 않아. 천체를 관측하고 해시계로 기도할 시각을 딱딱 계산해 내는 게 바로 저 사람들이니까. 세계 어딜 가든 여기 메카[13]의 위치를 정확하게 알아내는 것도 저 사람들 몫이고 말이지.[14] 우리가 연구하는 방향이랑은 다르지만, 저 사람들은 종교로의 응용을 위해서 연구를 하는 거야."

"오오… 그렇군요."

스승님의 이야기를 듣고 나니 마스지드 사람들이 아까와는 사뭇 다른 사람으로 보인다.

"이야~ 그나저나 이 정도 규모의 회의는 나도 진짜 오랜만인데. 아미르 넌 아마 처음이겠다?"

"네. 그래서 지금 무척 신기합니다."

이렇게나 많은 사람이 머리를 모아야 하는 일이란 무엇일까? 뭔지 몰라도 엄청난 포상금이 걸린 일일 테지. 점심을 배불리 먹어 식곤증이 막 오려던 차에 잠이 싹 달아난다.

그렇게 얼마쯤의 시간이 더 흐르고, 마침내 회의장 앞문이 열리며 지혜의 집 관장인 무함마드 알콰리즈미께서 들어오셨다. 뒤따라서 들어오는 수행원들은 다들 무언가가 가득 적힌 종이 더미를 들고 있었다.

잠시 수군거렸던 장내는 자연스레 조용해졌고 무함마드께선 회의장 중앙에 있는 화려한 의자에 앉으셨다. 그리고 장내를 한 번 둘러보고선 입을 떼셨다.

---

13 메카(Mecca)는 이슬람의 예언자이며 성자(聖者)인 마호메트의 출생지로 이슬람의 성지이다.
14 무슬림은 메카의 카바신전 방향으로 하루 다섯 번의 예배를 드린다.

"자! 오늘 이렇게 갑작스럽게 모이라고 한 이유는 다들 이미 들어서 알고 있겠지만, 알마문 칼리파께서 직접 내리신 일 때문이다."

무함마드께선 바로 옆에 서 있던 수행원이 들고 있던 종이 더미 위에서 한 장을 집어 들었다.

"지금 보여주는 이건 19년 전 내전 당시에 적들이 주고받은 암호문이다."

종이를 회의장에 있는 모두가 볼 수 있도록 높이 들어서 보이더니 다시 더미 위에 올려두고선 연달아 그다음 수행원을 손짓하여 부르셨다. 그리곤 마찬가지로 종이 한 장을 집어 들어 보이셨다.

"이것은 15년 전 반란 때 적들이 주고받던 암호문이고."

무함마드께서는 아예 자리에서 일어나 줄지어 서 있는 수행원들 앞을 걸어가며 차례로 종이를 한 장씩 들고 말을 이으셨다.

"이건 14년 전 반란 때! 그리고 이건 13년 전! 또 이건 11년 전! …"

장내의 모든 사람은 숨죽이고서 무함마드 님의 말과 행동에 집중했다.

"… 이 요란 빽빽하게 적힌 것은 또 5년 전 반란 때! 그리고 다음 이 것은 4년 전 봉기 때! 마지막으로 이건 3년 전 반란 때! 각각 적들이 주고받았던 암호문들이야."

근 20년간의 전쟁 역사가 담긴 암호문들에 대한 긴 소개를 모두 마친 무함마드께서는 다시 자리로 가 앉으셨다.

"알마문 칼리파께선 꽤 오래전부터 내게 부탁하셨다. 그 어떤 암호 문이라 하더라도, 설령 적에게서 일말의 정보도 얻어내지 못했다 하더라도, 곧바로 적의 암호를 해독할 방법을 고안할 수 없겠느냐고 말이야."

적의 정보도 없이 암호문을 해독하는 방법이라? 그동안 생각해 본 적도 없지만, 만약 그런 게 가능하다면 실로 엄청난 일일 거다. 반란의 씨앗을 사전에 차단할 수도 있을 테고, 전쟁을 우리에게 매우 유리하게 이끌 수도 있을 테니까.

"원래는 나 혼자서 비밀스럽게 진행하던 일이었어. 하지만 결국 이렇게 두 손 두 발 다 들고 말았지. 어제 난 직접 칼리파께 찾아가서 요청드렸다. 그 방법을 모색하려면 나나 일부의 사람이 아닌 우리 모두의 머리가 필요하다고. 그래서 오늘 이렇게 지혜의 집뿐만 아니라 마스지드의 연구원들까지도 모이라고 한 거다. 그리고!"

무함마드께선 손짓으로 가장 멀리 서 있던 수행원을 부르셨다. 그 수행원은 아까부터 들고 있던 항아리를 가져와 무함마드께 건넸고, 무함마드는 그 항아리를 받아서 안에 가득 담긴 금화들을 꺼내 보이셨다.

"칼리파께서 금화를 무려 400개나 내리셨다. 그리고 난 고민할 필요도 없이 문제를 해결한 사람에게 이 모두를 포상금으로 내리기로 마음먹었다."

헉! 하는 소리가 회의장 곳곳에서 들렸다. 나 또한 입이 떡하니 벌어졌다. 금화 400개면 이 도시에서 최고급으로 호화로운 집을 사고도 남을 엄청난 돈이기 때문이다.

"이 문제의 해결은 그동안 암호화된 탓에 번역할 수 없었던 책들을 해석하는 데도 직결되지. 바꿔 말해서 이 일은 금화 400개는 우스울 정도로 큰 가치를 지녔단 얘기야. 물론 우리 지혜의 집 모두에게도 경사스러운 일이고. 하지만 그렇다고 해서 모두가 의무적으로 참여하라는 얘긴 아니다. 각자 하고 있던 일들도 있을 테니까. 그래도 될 수 있으면 많이들 이 문제 해결에 참여해 주길 바라. 내 얘기는 여기까지. 혹시 질문 있나?"

"고안한 방법은 어떻게 알려드리면 됩니까?"

아흐마드였다. 아마도 바누 무사 형제들[15]은 이 일에 참여할 모양이다.

"좋은 질문이군. 그 얘길 하는 걸 깜박했구먼. 암호 해독 방법을 고안해 낸 사람은 칼리파께서 진행하시는 토론회에 참석해서 언제든지 자유롭게 발표하면 된다."

맙소사… 알마문 칼리파님 앞에서 직접 발표를 한단 말인가! 그렇다면 더더욱 상금 따위는 문제도 아닌 거잖아? 그야말로 단번에 칼리파님의 눈에 들 수도 있는 절호의 기회인 건데!

"또 질문 없나? 없으면 참여할 사람들은 앞으로 나와서 암호문 자료를 받아 가도록."

난 곧장 자리를 박차며 일어났다. 야쿱 스승님은 그런 나의 팔을 붙잡으셨다.

---

15 알마문 칼리파의 친구이자 천문학자였던 무사 이븐 샤키르(Mūsā ibn Shākir)의 세 아들을 일컫는 이름으로, 첫째인 아부 자파르 무함마드(Abū Ja'far Muḥammad), 둘째인 아부 알콰심 아흐마드(Abū al-Qāsim Aḥmad), 셋째인 알하산(Al-Ḥasan)이다. 셋 모두 당대의 뛰어난 수학자들이었다.

("야, 아미르. 생각 좀 해보고 결정하지 않고?")

("스승님. 생각하고 말게 어딨습니까? 그야말로 신분 상승의 기회잖아요.")

("글쎄, 나는 아무래도 이거 불안한 예감이 드는데.")

("걱정하지 마시고 스승님도 저와 함께하시죠. 상금을 타면 평생 제가 스승님 호강시켜드리겠습니다.")

야쿱 스승님은 아랫입술을 깨물며 석연찮은 표정을 지으셨다. 하지만 난 그런 스승님께 방긋 웃어 보인 후 당당히 회의장 앞으로 걸어 나갔다.

VII.

싸한 공기가 주위를 맴돈다.

나와 야쿱 스승님 그리고 사피야는 낮에 내가 회의장에서 받아온 암호문 꾸러미를 탁자 위에 쌓아놓고 둘러서 앉아 있다. 스승님은 지혜의 집에서 퇴근하고 집에 도착하자마자 받아온 자료를 갖고 1층으로 내려오라 하셨고, 마침 집에 있던 사피야도 심상치 않은 분위기를 느꼈는지 자연스럽게 우리와 합석하였다.

"야쿱 선생님. 오늘 무슨 일 있으셨나요? 이것들은 다 뭐죠?"

사피야의 말이다.

"뭐긴 뭐야. 오늘 아미르가 저지른 일이지."

스승님은 팔짱을 끼고서 허공을 응시하며 답하셨다.

"네? 아미르가?"

나를 쳐다보는 사피야의 눈빛에 얼굴이 화끈 달아올랐다.

"아미르. 무슨 일이 있었는지 내게도 말해줘."

난 조심스레 스승님의 눈치를 살폈다. 또 한 번 작게 한숨을 내쉬는 스승님의 모습을 보고서, 나는 겸연쩍게 뒷머리를 긁적이며 사피야에게 오늘 있었던 일을 이야기해 주었다.

이야기를 모두 들은 사피야는 진지한 표정으로 입을 뗐다.

"어쩜 그리 성급하게…. 뒷일은 좀 생각해 보고서 결정하지 그랬어?"

"아니, 좋은 기회를 잡은 게 나쁜 건 아니잖아? 그리고 반드시 해낼 테니 걱정하지 마. 요새 하고 있던 일들도 모두 다 내려놓고서 오직 이 문제 하나에만 전념할 생각이니까."

"어휴, 정말…"

왜 이렇게까지 무거운 분위기인 거지? 스승님도 사피야도? 혹시 내가 모르는 뭔가가 있는 걸까?

"아미르. 혹시 너 말고 또 이 문제를 풀겠다고 나선 사람은 몇 명이나 돼?"

"흠, 암호문을 받아 간 사람은 열 명 정도? 물론 혼자서 연구하지는 않을 테니까 참여하는 연구원 수는 대충 이삼십 명 정도 될 것 같은데. 그건 왜?"

"그것밖에 안 된다고!? 맙소사… 넌 지금 그야말로 야쿱 선생님을 모든 이가 지켜보는 심판대 위에 올린 거나 다름없어."

34

"엥? 왜? 앞에 나간 건 스승님이 아니라 나잖아?"

사피야는 한심하다는 표정으로 날 쳐다보았다.

"아, 물론 대부분 사람은 내가 야쿱 스승님의 제자란 걸 알긴 하지만! 그, 그래도 어쨌든 앞에 나간 건 나고, 이 문제를 설마 해결 못하더라도 그게 스승님의 위명에 누를 끼치지는 않지… 않을까? 하하. 그리고 해결해 내면 그건 그거대로 또 스승님의 공이 되는 거고."

"… 해결해도 문제야. 이 바보야."

"응?"

이건 또 무슨 말이지? 해결해도 문제라니?

"사피야. 됐다. 이미 엎질러진 거. 해보는 수밖에."

입을 꾹 다물고서 가만히 우리 얘기를 듣고만 있던 스승님이 마침내 입을 여셨다.

"괜찮으시겠어요, 선생님?"

"몰라~ 어차피 바누 무사 녀석들은 내가 못하면 못하는 대로 난리들을 칠 테니까. 그럴 바에야 기왕 엎질러진 거. 차라리 잘 해내고서 해코지 받는 게 낫지. 어휴, 내 팔자야."

"네? 그 말씀은 설마 바누 무사 형제들도 이 일에 참여한다는 말씀인가요?!"

사피야는 눈에 힘을 주고서 나를 째려보았다. 뭔지는 몰라도 내가 엄청난 잘못을 한 모양이다. 나는 죄인마냥 숨을 죽이고 가만히 둘의 눈치를 살폈다.

잠시의 정적을 다시 깬 건 사피야였다.

"저도 힘을 보태겠습니다, 선생님. 많은 도움이 될지는 모르지만요."

"좋지. 네가 아미르보다는 도움이 될 테니까."

"에? 스승님! 어떻게 그런 말씀을 저도 보는 앞에서!"

야쿱 스승님은 큭큭거리며 웃으셨고, 그 모습에 곧 나도 사피야도 다시 웃음을 되찾았다.

덧씌워진 내 삶은 그렇게 이틀 만에 다시 활력을 찾는 듯했다. 그리고 그날 밤. 온몸을 관통하는 아찔한 그 증상은 또다시 날 찾아왔다.

지혜의
집

I.

"으음… 일단 사람들이 예전엔 암호를 어떻게 만들었는지부터 얘기해줘야겠지?"

나와 사피야는 오랜만에 야쿱 스승님의 서재에서 함께 수업을 듣고 있다. 처음 이 집에 왔을 때는 매일같이 이렇게 함께 수업을 들었는데, 내가 스승님을 따라 지혜의 집에서 근무하고부터는 이처럼 함께 앉아서 수업받을 기회는 없었다.

물론 내 마음이 이리도 싱숭생숭한 건 결코 사피야와의 수업이 오랜만이기 때문은 아니다. 이틀 만에 벌써 희미해지기 시작한 나의 다른 삶에서의 비슷한 기억들이 잔상처럼 떠오르기 때문이다.

"흠, 우선 너희들 카이사르 암호는 아나? 내가 말해준 적이 있었던가?"

"카이사르 암호라면 문자를 평행이동시키는 방식의 암호를 말씀하시는 거죠? 선생님께서 가르쳐주신 적은 없지만, 책에서 얼핏 본 기억이 있어요."

"이야~ 역시 사피야네. 아미르 너는?"

"… 저는 솔직히 처음 듣는 거 같은데요."

야쿱 스승님께서는 혀를 끌끌 차셨다.

"사피야가 만약 남자였다면 진작에 지혜의 집에는 아미르가 아니라 사피야를 데려갔을 텐데. 쩝."

"아니, 그게 무슨 말씀입니까? 스승님! 가르쳐주시지도 않은 걸 모르는 게 잘못은 아니잖아요? 그리고 매일매일 산더미 같은 번역할 책들과 씨름하는 저랑 집에서 여유롭게 공부하는 사피야를 비교하시면 안 되죠!"

"알아, 인마. 그냥 해본 소리야. 짜식이 삐지긴."

스승님은 흐흐 소리를 내며 웃으셨고, 사피야는 미소를 지으며 내 등을 토닥였다. 그 따뜻한 손길에 나는 금방 기분이 풀렸다.

"그러면 우리의 일꾼 아미르를 위해서라도 카이사르 암호부터 알려 줘야겠구먼. 에~ 카이사르 암호는 지금으로부터 대략 천 년 전쯤에 로마에서 고안된 암호 방식이야. 실제로 로마 장군 율리우스 카이사르가 동맹군과 소통할 때 이 암호를 썼다 해서 카이사르 암호라 하지."

율리우스? 순간 나는 소스라치게 놀랐지만 애써 침착하게 숨을 고르고서 눈만 살짝 굴려 사피야의 눈치를 살폈다.

하지만 그녀는 너무나도 태연했다. 집중하는 눈빛으로 야쿱 스승님만 올려다보고 있을 뿐, 조금의 표정 변화도 없었다.

정말로 그녀는… 모든 기억을 다 잊은 걸까.

"에~ 또 카이사르 암호 방식은 현재까지 고안된 암호법 중에서는 단연 가장 발전된 방법이라 할 수 있어. 실제로 비교적 최근까지도 다양한 변형 방식이 쓰였지만, 사실 원리 자체는 간단해. 아까 사피야가 말했듯이 문자를 평행이동시키는 게 그 기본 원리니까."

스승님은 우리 앞에 종이를 펼치고서 글자를 적으셨다.

غ ظ ض ذ خ ث ت ش ر ق ص ف ع س ن م ل ك ي ط ح ز و ه د ج ب ا

"자, 아미르. 지금 떠오르는 숫자 아무거나 하나만 말해 볼래?"

"네? 아무거나요? 음, 7요."

"7? 좋아."

스승님은 방금 적은 글자들의 오른쪽에서[1] 일곱 개를 꼽아서 세더니, 여덟 번째 문자인 ح의 아래에서부터 다시 문자를 적으셨다.

غ ظ ض ذ خ ث ت ش ر ق ص ف ع س ن م ل ك ي ط ح ز و ه د ج ب ا
ش ر ق ص ف ع س ن م ل ك ي ط ح ز و ه د ج ب ا

그리고 남은 일곱 개의 문자는 오른쪽 첫 번째 위치에서부터 마저 채워 적으셨다.

غ ظ ض ذ خ ث ت ش ر ق ص ف ع س ن م ل ك ي ط ح ز و ه د ج ب ا
ت ث خ ذ ض ظ غ ا ب ج د ه و ز ح ط ي ك ل م ن س ع ف ص ق ر ش

---

[1] 아랍 문자는 오른쪽에서 왼쪽으로 읽고 쓴다.

"자, 이제부터는 이 위의 글자를 바로 아래 글자로 바꿔 써주는 거야."

"네?"

"예를 들어서 네 이름 아미르를 써볼까? 원래라면 ر می ا 라고 적지만, 이제는 이 아랫줄에 쓴 글자대로 م ج ں 라고 적는 거야. 그대로 읽으면 투즈마? 투지마? 흐흐, 모르는 사람들이 보면 영 무슨 단어인지 못 알아보겠지? 이게 바로 가장 기본적인 카이사르 암호법이지."

"아하!"

참 쉽고 명쾌한 방법이라는 생각이 든다. 원리가 단순해서 비단 아랍 문자뿐 아니라 다른 문자에도 얼마든지 응용이 가능할 텐데, 예를 들어 한글에 적용해 본다면 이런 식으로 해볼 수 있다.

ㄱ ㄴ ㄷ ㄹ ㅁ ㅂ ㅅ ㅇ ㅈ ㅊ ㅋ ㅌ ㅍ ㅎ

⇒　　　　　　　　　ㄱ ㄴ ㄷ ㄹ ㅁ ㅂ ㅅ

문자를 7칸 이동시킨다.

⇒ ㅇ ㅈ ㅊ ㅋ ㅌ ㅍ ㅎ ㄱ ㄴ ㄷ ㄹ ㅁ ㅂ ㅅ

남은 일곱 문자를 앞에서부터 채운다.

그럼 이제 ㄱ은 아래 적힌 ㅇ으로, ㄴ은 ㅈ으로, ㄷ은 ㅊ으로 대체해서 쓰는 방식인 거다. 예를 들어, 내 이름인 '아미르'에서 각 자음을 이렇게 바꿔서 '가티크'라 쓰는 거다.

ㅇ ⇨ ㄱ / ㅁ ⇨ ㅌ / ㄹ ⇨ ㅋ

그럼 이렇게 만든 암호를 해독하는 입장에서는….

"우리 편에게는 문자를 얼마큼 평행이동시켰는지만 알려주면 손쉽게 올바로 읽을 수 있겠군요!"

"그렇지! 간단하게 '오늘은 7이다.'라고만 전파해도 전혀 문제없이 읽을 수가 있지."

참 효율적인 암호 방식이다. 하지만 이래서는….

"하지만 스승님. 굳이 평행이동한 숫자를 모른다 해도 주먹구구식으로 한 칸씩 대입하다 보면 맞는 문자열을 금방 찾을 수 있을 것 같은데, 그러면 적군 쪽에서도 해독하기 쉽지 않겠습니까?"

"그렇지. 좋은 지적이야. 그래서 실전에서는 당연히 이 기본방식을 그대로 쓰지 않고 다양한 변형 방법들을 쓰지. 사피야, 만약에 너라면 어떻게 변형해 보겠어?"

사피야를 보았다. 그녀는 잠시 생각에 빠지더니 금방 입을 열었다.

"저라면 문자 간격도 변화시킬 것 같아요. 아니면 자음 따로 모음 따로 규칙을 달리 적용할 수도 있고요."

"크으~ 실용적으로 쓰였던 방식들이 바로 나오네."

자음 따로 모음 따로라…. 그런 변형 규칙은 한글에 적용해 봐도 재밌을 것 같다. 예를 들어서 자음에 3칸, 모음에 5칸을 적용하면 다음과 같다.

ㄱ ㄴ ㄷ ㄹ ㅁ ㅂ ㅅ ㅇ ㅈ ㅊ ㅋ ㅌ ㅍ ㅎ

⇒ ㅌ ㅍ ㅎ ㄱ ㄴ ㄷ ㄹ ㅁ ㅂ ㅅ ㅇ ㅈ ㅊ ㅋ

ㅏ ㅑ ㅓ ㅕ ㅗ ㅛ ㅜ ㅠ ㅡ ㅣ

⇒ ㅗ ㅜ ㅠ ㅡ ㅣ ㅏ ㅑ ㅓ ㅕ ㅗ

그러면 내 이름인 '아미르'는 '묘노겨'로 암호화되고, '사피야'는 '료초무'가 되겠지. 료초무라니. 발음이 웃겨서 웃음이 나온다.

어쨌든 이 경우에도 우리 편에게는 간단히 '3, 5'라는 식으로만 알려 줘도 자음 3, 모음 5 규칙을 적용하여 곧장 읽을 수 있을 거다. 하지만 적으로서는 해독하기가 제법 까다롭겠지.

그런데 앞에 말했던 건 또 뭐지?

"사피야. 문자 간격을 변화시킨다는 건 뭐야?"

"말 그대로야. 만약에 전체 이동을 7, 간격 이동을 2라고 한다면 이런 식으로."

사피야는 펜을 들어 종이 위에 차근차근 적어가며 설명해 주었다.

غ ظ ض ذ خ ث ت ش ر ق ف ع س ن م ل ك ي ط ح ز و ه د ج ب ا

⇒ ا

전체 이동 : 7칸 이동한 위치에서부터 시작한다.

⇒ ض ض ط ح ز و ه د ج ب ا

간격 이동 : 2칸씩 띄어서 문자를 배열한다.

42

⇒ ك ذ ي خ ط ت ح ت ز ش و ر ه ق د ص ج ف ب ع ا س ن م ل

앞[2]에서부터 마찬가지 간격으로 채운다.

⇒ ك ذ ي خ ط ت ح ت ز ش و ر ه ق د ص ج ف ب ع ا س ن ظ م ض ل

나머지도 마찬가지로 채워서 마무리한다.

"어때? 이해돼?"

"어. 대충. 역시 넌… 설명을 참 잘해."

"후훗. 바로 이해하는 너도 대단한 거야."

흐뭇한 표정으로 우리를 가만히 지켜보고 있던 야쿱 스승님이 다시 입을 여셨다.

"자, 그럼 이런 변형 방법을 동시에 여러 개 적용하면 어떨 것 같아?"

나는 곧바로 이해됐다. 왜 이 카이사르 암호 방식이 그토록 오랜 기간 실전에서 쓰였는지를. 하물며 사피야가 말한 두 가지 변형 규칙만 섞어도 적으로서는 해독하기가 여간 까다로운 게 아닐 테다. 아마 실전에서는 더 다양한 변형 방법들이 쓰일 테고.

"스승님. 그렇다면 이번 알마문 칼리파께서 내리신 과제는 이 카이사르 암호의 변형 가능한 모든 형태에 적용할 수 있는, 일반적이고 포괄적인 암호 해독 방법을 찾아내는 겁니까?"

내 질문에 야쿱 스승님께서는 피식 웃으셨다.

"그럴 리가 있나? 그런 쉬운 문제라면 칼리파께서 금화를 400개나

---

2 아랍 문자는 오른쪽에서 왼쪽으로 읽고 쓴다.

지원해주셨을 리도 없고, 무함마드 알콰리즈미께서 이렇게 공모를 하셨을 리도 없지."

"네? 쉽다니요?"

나는 깜짝 놀랐다.

"물론 몇십 년 전까지만 해도 많이 쓰이긴 했지만 카이사르 암호는 이미 구시대 유물이 돼버렸어. 이번에 네가 잔뜩 받아온 저 암호문들은 이미 한 단계 더 진화한 암호문들이란 말이지."

"왜죠? 두세 가지의 변형만 혼합해도 해독이 어려울 것 같은데요? 그거로 부족하다면 변형법을 더 많이 추가만 해도 되는 거 아닙니까?"

"카이사르 암호는 결정적인 약점을 갖고 있지. 제아무리 많은 변형을 적용한다고 해도 말이야."

"약점이요? 무슨…?"

스승님께서는 팔짱을 끼며 말씀하셨다.

"흐흐. 한번 생각해 봐라. 내가 다 알려주기만 하면 재미없잖아? 뭘 거 같아? 카이사르 암호 방식의 약점이."

나는 일순간 머리가 복잡해졌지만, 놀랍게도 사피야는 마치 기다렸다는 듯이 곧바로 답을 하였다.

"배열이 단지 한 방향이라는 점 아닌가요?"

"아!"

입이 떡 벌어졌다.

그렇다. 카이사르 암호 방식은 기본적으로 문자들을 일괄적으로 평행이동시키는 방법에서 시작한다. 제아무리 변형한다고 해도, 예를 들어 설령 자음은 오른쪽으로 모음은 왼쪽으로 나열하는 방식으로 변형한다고 하더라도 자음끼리는, 그리고 모음끼리는 그 나열 방향이 획일적일 수밖에 없다. 암호문을 해독할 때는 그런 규칙이 일종의 단서가 될 테고 말이다.

가만… 그렇다는 건….

"그렇다면 스승님! 혹시 무함마드께서 나눠주신 저 암호문들은 문자 배열이 뒤죽박죽 마구잡이로 섞여 있다는 겁니까?"

"암. 일정한 방향 없이 섞여 있는 것을 넘어 문자가 아닌 것도 섞인 게 대부분이야. 게다가 의미를 알 수 없는 이상한 그림들까지 말이지. 그야말로 카이사르 암호의 다음 세대 암호라고나 할까?"

"…"

내가 대체 무슨 일을 벌인 건가. 이 과제의 난이도가 이제야 조금씩 실감되면서 서서히 숨 막히는 압박감이 몰려왔다.

"선생님. 혹시 이 문제를 해결하기 위해서 참고할 만한 책들이 좀 있을까요?"

사피야는 나와 달리 여전히 차분한 모습이었다.

"글쎄다. 아무래도 동방의 수학 서적들이 도움될 것 같기는 한데 직접적일지는 모르고. 예전에 내가 브라마굽타[3] 서적을 번역하면서 썼던 책이 마침 내 방에 있으니까 일단 그거부터 한번 보든지 해. 아미르랑

---

3 브라마굽타(598년~668년)는 인도의 수학자로 산술과 부정방정식에 관한 연구로 유명하며 인류 최초로 연산에 0을 사용한 인물이라 꼽힌다.

지혜의 집에도 다녀오고."

"네. 선생님."

… 그래. 결국 모두 내가 벌인 일이다. 당연히 수습도 내가 해야 해. 겁먹어서도 안 되고, 겁먹을 필요도 없다. 어차피 모두에게도 어려운 일이지 나에게만 특별히 어려운 게 아니니까. 출발선은 모두에게 똑같은 상황이야.

더군다나 사피야와 함께다. 분명히 해낼 수 있어. 예전에 아르키메데스 녀석의 코를 납작하게 눌러줬던 그때처럼.

Ⅱ.

"와, 이거 되게 신기하네? 사피야, 이것 좀 봐봐."

나는 사피야에게 책을 내밀며 숫자 피라미드가 적힌 부분을 가리켰다.

우리는 함께 야쿱 스승님이 번역하신 수학 서적들을 검토하는 중이다. 대부분이 라슈트라쿠타[4], 팔라 제국[5], 팔라바국[6] 등에서 들어온 동방 서적들인데, 혹시라도 암호문 해독의 단서가 될 만한 내용이 있는지

---

4 라슈트라쿠타는 753년부터 982년까지 인도의 데칸고원 지역을 지배한 힌두계 왕국이다.

5 팔라 제국은 750년부터 1174년경까지 동인도 지역을 지배한 중세 인도의 제국이다.

6 팔라바국은 275년부터 897년까지 남인도 지역을 지배한 고대 인도의 왕국이다.

찾기 위해서이다.

"뭔데?"

사피야는 보고 있던 책을 손으로 지그시 누르고서 내가 내민 책으로 눈을 돌렸다.

$$1 \times 1 = 1$$
$$11 \times 11 = 121$$
$$111 \times 111 = 12321$$
$$1111 \times 1111 = 1234321$$
$$11111 \times 11111 = 123454321$$
$$111111 \times 111111 = 12345654321$$

$$1 \times 8 + 1 = 9$$
$$12 \times 8 + 2 = 98$$
$$123 \times 8 + 3 = 987$$
$$1234 \times 8 + 4 = 9876$$
$$12345 \times 8 + 5 = 98765$$
$$123456 \times 8 + 6 = 987654$$

$$12 - 1 = 11 = 1 \times 9 + 2$$
$$123 - 12 = 111 = 12 \times 9 + 3$$
$$1234 - 123 = 1111 = 123 \times 9 + 4$$
$$12345 - 1234 = 11111 = 1234 \times 9 + 5$$
$$123456 - 12345 = 111111 = 12345 \times 9 + 6$$
$$1234567 - 123456 = 1111111 = 123456 \times 9 + 7$$

$$6 \times 7 = 42$$
$$66 \times 67 = 4422$$
$$666 \times 667 = 444222$$
$$6666 \times 6667 = 44442222$$
$$66666 \times 66667 = 4444422222$$
$$666666 \times 666667 = 444444222222$$

$$9 \times 9 + 7 = 88$$
$$98 \times 9 + 6 = 888$$
$$987 \times 9 + 5 = 8888$$
$$9876 \times 9 + 4 = 88888$$
$$98765 \times 9 + 3 = 888888$$
$$987654 \times 9 + 2 = 8888888$$

"연산 규칙들을 이용해서 숫자를 마치 탑처럼 쌓아놓았는데, 한 줄 한 줄 읽다 보면 묘하게 빠져들어. 왜 이런 규칙들이 나오는지 파헤쳐 보고 싶고 말이야. 하하. 이런 거 이집트나 그리스, 로마 수학 서적에서는 못 보지 않았어? 신기하지?"

"후훗. 지역마다 문화도 다르고 수학을 대하는 태도나 방식도 달랐으니까. 오히려 그처럼 서로가 전혀 다른데도 같은 수학 이론들이 나왔다는 게 더 신기하지 않아?"

"오… 그렇게 생각하면 또 그렇네? 마치 시간과 공간의 장벽을 넘어서 모두가 수학으로 연결되는 듯이 보이기도 하고? 참! 그러잖아도 방금 다른 수학책에서 봤던 것 같은 공식이 있었는데!"

나는 책장을 앞으로 빠르게 넘겨서 아까 눈여겨봐둔 공식을 찾았다.

"이거야! 사피야, 혹시 너도 이 내용 본 적 있어?"

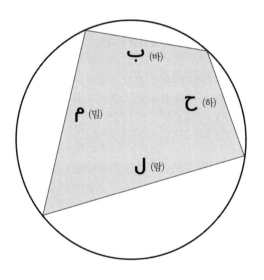

그림과 같이 원에 접하는 임의의 사각형에서 네 변의 길이를 바(ب), 하(ح), 람(ل), 밈(م) 그리고 사각형 둘레 길이의 절반을 타(ط)라고 하자.

48

이때 이 사각형의 넓이는 타(ﻃ)에서 바(ﺏ), 하(ﺡ), 람(ﻝ), 밈(ﻡ)을 각각 뺀 네 값의 곱에 대한 자드르(ﺟﺬﺭ)[7]이다.[8]

사피야는 눈을 반짝이며 내가 가리키는 부분을 정독했다. 나는 그런 그녀의 얼굴에 자연스레 눈이 갔다.

… 새삼 느끼지만 정말 예쁘다. 과연 저 큰 눈망울로 골똘히 집중하고 있는 모습을 보고서 반하지 않을 사람이 있을까?

그렇게 나는 들키지 않도록 곁눈질로 그녀의 모습을 감상하고 있었다. 그러다 문득 이상한 낌새를 눈치챘는데, 책을 보고 있는 그녀의 손이 미묘하게 떨리고 있는 게 아닌가!

"사피야?"

그리고 보니 그녀가 지나치게 오래 읽고 있다는 생각도 든다. 무함마드께서 번역서를 쓸 때 수학기호를 일절 사용하지 말라는 지침을 내리셔서 이 책 또한 내용이 전부 말로 풀어져 있는 탓에 가독성이 떨어지긴 하지만(나는 아직도 그 지침이 이해가 되지 않는다), 그렇다 해도 사피야의 독해 속도라면 이미 다 읽고 또 그 내용을 모두 이해하기에도 충분한 시간이 흘렀는데 말이다.

"사피야, 아직 다 못 봤어?"

---

7 자드르(ﺟﺬﺭ)는 근본, 뿌리 등을 뜻하는데 오늘날의 제곱근(√)에 해당한다.

8 즉, 내접 사각형의 넓이는 $\sqrt{(타-바)(타-하)(타-람)(타-밈)}$, 타$=\dfrac{바+하+람+밈}{2}$

그녀는 나와 눈을 마주치더니 다급히 무언가를 말하려는 듯 우물쭈물하다가 별안간 고개를 뒤로 휙 돌려버렸다. 갑자기 무슨 일인가 싶어 그녀의 어깨를 짚으려는데 이제는 몸까지 파르르 떨고 있는 그녀의 모습에 깜짝 놀라 차마 그러지 못했다.

갑작스러운 상황에 나 역시도 불안한 마음이 되어 이러지도 저러지도 못하고 있기를 몇 분. 사피야는 진정이 된 건지 천천히 허리를 펴고서 자세를 고쳐 앉았다. 눈을 감고 있는 그녀는 후~ 소리를 내며 깊은 한숨을 오래도록 내쉬었다.

"왜 그래 사피야? 갑자기 무슨 일이야?"

그녀는 그렇게 눈을 감고서 몇 초간을 더 있더니 마침내 눈을 뜨고서 말을 꺼냈다.

"헤론[9]의 공식이야."

"응?"

"이 내용, 헤론의 공식[10]이라고. 아니 정확히는 헤론의 공식의 일반화라고 해야겠지."

"헤론의… 공식?"

"너, 모르는 거야?"

난 영문을 몰라 어리둥절해졌다. 물론 내가 수학자 헤론을 모르는 건

아니다. 예전에 그의 책을 몇 권 번역했던 적이 있어서 이 내용 역시 그 책 중 어딘가에 적혀 있었을 것이다.

내가 어리둥절한 이유는 다름 아닌 사피야의 말투 때문이다. 그녀는 여태껏 단 한 번도 내가 어떤 수학 내용을 모른다고 해서 이렇게 질책하는 듯한 어조로 말한 적이 없었다.

사피야도 나의 당황한 기색을 눈치챘는지 다시 짧게 한숨을 뱉으며 미소를 지었다.

"미안. 널 다그치려던 건 아니야. '헤론의 공식'이라는 명칭이 널리 퍼져있는 것도 아니니까. 그나저나 아미르. 재미있는 내용이기는 하지만 지금 우리의 목적은 이런 게 아니잖아? 이제 다시 집중해서 암호 해독에 도움이 될 만한 내용을 빠르게 찾아보자."

"어… 아! 사실 안 그래도 아까 암호 해독에 도움될 것 같은 내용도 하나 찾아 뒀어!"

나는 허겁지겁 아까 접어 두었던 부분을 펼쳐서 사피야 앞으로 내밀었다. 하지만 그녀는 책이 아닌 내 눈을 한동안 뚫어져라 쳐다보았다. 서로 눈을 마주하는 시간이 길어져 분위기가 어색해질 때쯤 그녀는 다시 내가 내민 책으로 눈을 돌렸다.

두 종류의 일을 차례대로 한다고 하자. 첫 번째 일이 $\cup$(바)개의 결과를 갖고, 첫 번째 일의 각 결과에 대하여 두 번째 일의 결과가 ζ(하)개라면 두 일의 결과는 $\cup$(바)와 ζ(하)의 곱과 같다.

만약 두 명의 사람을 일렬로 정렬할 때, 앞에 올 수 있는 사람은 둘 중

하나다. 그러고 나서 뒤에 설 수 있는 사람은 남은 하나다. 따라서 두 사람이 정렬하는 방법은 위의 원리로 2와 1의 곱과 같다. 세 명의 사람이 일렬로 정렬할 때, 제일 앞에는 셋 중에 하나, 가운데는 남은 둘 중의 하나, 마지막은 최종으로 남은 하나다. 따라서 세 사람이 정렬하는 방법은 위의 원리로 3과 2와 1의 곱이다.

마찬가지로 J(람) 명의 사람이 일렬로 정렬하는 방법은 1부터 J(람)까지 수의 곱과 같다는 결론에 이른다.

"하하, 문장이 좀 길지?"

나는 빈 종이를 가져와 펜으로 적으며 책에 적힌 내용을 수식으로 적어나갔다.

"암호문을 해독하는 행위는 결국 문자를 새롭게 재배열하는 방법의 수를 능숙하게 다루는 것부터가 시작이란 생각이 들었거든. 그래서 마침 그런 내용이 적힌 이 부분이 눈에 띈 거야! 결과의 가짓수가 각각 ㄴ, ㄹ개인 두 종류 일을 연달아서 했을 때의 결과는 총 ㄴ×ㄹ가지라는 내용이고, 이 원리로부터 총 J명을 일렬로 정렬하는 방법의 가짓수는

$$J \times (J-1) \times ... \times 3 \times 2 \times 1$$

임을 서술한 내용이지. 예를 들어서 5명을 일렬로 정렬하는 방법의 가짓수는 $5 \times 4 \times 3 \times 2 \times 1$이니까 총 120가지…"

"… 알아!"

"응?"

사피야의 평소답지 않은 큰 목소리에 난 움찔했다.

"안다고. 앞 내용은 경우의 수를 구하는 곱의 법칙! 뒤 내용은 순열이
잖아! 너, 내가 예전에 순열과 조합 가르쳐줬던 거. 기억 안 나?"

Ⅲ.

구름 한 점 없는 파란 하늘에 마음마저 개운해지는 듯한 아침.

지금 난 사피야와 함께 지혜의 집에 가고 있다. 어제 우리는 동방 수
학 서적들에서 암호 해독에 실마리가 될지도 모를 이론(경우의 수를 구하는
법칙이라든지 순열이라든지)을 확인하였고, 이와 관련하여 좀 더 많은 내용
을 찾아보기로 했다.

사피야는 야쿱 스승님에게서 우리가 함께 수업을 받던 시절에 나에
게 해당 내용을 간략하게나마 가르쳐준 적이 있다고 했지만, 나의 두뇌
용량에 한계가 있는 건지, 어째 기억이 전혀 나지 않는다. 삶이 덧씌워
질 때 기억의 일부가 증발하기라도 한 것처럼.

어젯밤 잠들기 전에 문득, 사피야가 혹시 예전 삶의 기억을 되찾은
건 아닌지 그래서 내가 기억하지 못하는 다른 삶에서의 경험을 말한 것
은 아닌지 의심이 들었지만, 아마도 그런 건 아니리라는 결론에 이르렀
다. 일단 '그 녀석'이 나에게 했던 얘기도 있고, 만약에 그랬더라면 사피
야가 곧장 나에게 얘기를 해줬을 테니까.

뒤로 돌아 한 걸음 뒤에서 날 따라오는 사피야를 보았다. 그녀는 나를 보더니 방긋 미소 짓는다.

… 그래도 혹시 모르니까 확인은 해볼까?

"사피야. 너 혹시 말이야… 일기."

아, 참! 그 녀석이 이런 얘기도 절대 하지 말라고 경고했는데!

황급히 입을 닫았다. 하마터면 큰일 날 뻔했다.

"응? 뭐라고?"

"아, 아냐! 아하하. 그, 그나저나 오늘 날씨 엄청 좋다!"

"후훗, 그러게. 정말 산책하기 참 좋은 날씨네."

사피야는 미소를 지으며 손으로 해를 가리고는 하늘을 올려다보았다. 한 폭의 그림과도 같은 그 모습에 순간 내 가슴이 두근거렸다.

"… 사피야. 이럴 줄 알았으면 네가 집에서 니캅[11]을 챙겨서 나올 때 말리지 말았어야 했어."

"응? 왜? 덕분에 이렇게 상쾌한 공기도 마실 수 있어서 난 너무 좋은데?"

"아니야, 아니야…. 아무래도 불안해. 지혜의 집 사람들이 널 보면 아마도 엄청 난리 칠 거야."

"왜?"

"왜긴 왜야. 네가 너무 예뻐서지."

---

11 니캅(Niqab)은 히잡에 가리개를 덧붙여 눈 부분만 드러내고 얼굴 전체를 가리는 옷을 말한다.

사피야는 눈이 동그랗게 커지며 얼굴이 빨개져서는 사레라도 들린 듯 기침을 해댔다. 난 황급히 그녀에게 다가가 등을 토닥여줬고 사피야는 놀리지 말라며 내 등을 찰싹 때렸다.

지겹도록 오갔던 이 길이 오늘따라 짧게만 느껴진다.

Ⅳ.

"최근에 들어오는 동방 서적들은 이곳에 보관하고 있어."

사피야는 내가 안내한 자료실에 들어서자 입을 벌리며 감탄했다.

"와… 대단하다…."

"하하. 저쪽 끝으로 가면 집중이 안 될 때마다 내가 종종 애용하는 열람실도 있고, 저쪽으로 나가면 곧바로 야쿱 스승님이랑 내가 근무하는 연구실도 나와."

"외부인들에게 공개된 자료실은 정말로 극히 일부였던 거구나. 이렇게나 넓은 공간과 많은 책이 안에 있을 거라고는 상상도 못 했어."

"그야 당연하지! 거기는 정말 아무 데서나 볼 수 있는 값싼 책들만 조금 비치해두니까. 여기서 저 반대편으로 건너가면 또 이만한 크기의 자료실 하나가 더 나와. 거기에는 주로 서방의 서적들을 보관하고."

사피야는 제자리에서 천천히 한 바퀴 돌며 자료실 내부를 쭉 둘러보더니 내게 말했다.

"여기 있는 책들 다 마음대로 꺼내 봐도 되는 거야?"

"응. 마음껏 둘러봐. 아, 수학 서적들은 저쪽에 가면 많이 있어."

사피야는 내가 가리키는 방향으로 천천히 발걸음을 옮겼다. 서가에 진열된 책들을 훑어보는 사피야의 표정이 마치 장난감 가게에 온 어린 아이의 그것과도 같아, 나 역시 괜히 뿌듯한 기분이 되어선 덩달아 걸음이 가벼워졌다.

"어?!"

무언가를 발견한 듯 사피야가 한 서가 앞에서 멈춰 섰다. 한자로 제목이 쓰인 책들이 진열된 곳이었다.

"아아. 그 책들은 저 멀리 남조 왕국[12]과 당나라[13]에서 들어온 것들이야. 다른 데서는 볼 수 없는 희귀 서적들도 꽤 있을걸?"

그녀는 손을 뻗어 서가에 진열된 책 하나를 꺼내더니 눈앞에서 펼쳐 보았다. 난 그녀 옆으로 다가가 해당 책 제목을 들춰보았다.

"주비… 산경?"

난 처음 보는 책이다. 하지만 책장을 넘기는 사피야의 얼굴에는 미소가 가득했다.

"아는 책이야, 사피야?"

"응."

---

12 남조(南詔, 653년~902년)는 중국 당나라 때 이족과 바이족이 지금의 윈난성(雲南省) 지역에 세운 왕국이다.

13 당(唐, 618년~907년)은 수나라와 오대십국 시대 사이에 있었던 중국의 통일왕조이다.

"와, 이런 건 또 어떻게 아는 거야? 내가 집에 없는 동안 정말 폭넓게 공부를 많이도 했나 보네?"

"…"

그때였다.

"어? 아미르 아닌가?"

누군가가 나를 부르는 소리에 뒤돌아보니 도서관 수레에 책을 가득 실은 후나인 선배가 보였다.

"어, 선배님! 여긴 어쩐 일이십니까?"

"오늘 후사인이 아프다고 결근하는 바람에 나랑 알하산이 걔 몫까지 일하고 있거든. 어휴, 힘들어 죽겠다."

"아이고… 오늘 두 분 다 고생하시겠네요."

나는 선배가 끌고 온 수레로 다가가 실려 있는 책들을 쓱 훑어보았다.

"이게 다 오늘 들어온 것들입니까?"

"어. 앞으로 세 번은 더 왔다 갔다 해야 해. 나 좀 살려줘, 아미르."

"아하하, 저도 도와드리고 싶기는 한데, 당장 해야 하는 일들이 있어서…."

"알아 인마. 넌 부지런히 암호 해독해야겠지. 그냥 해본 소리야."

후나인 선배는 내 팔을 툭 쳤고, 나는 뒷머리를 긁으며 멋쩍게 웃었다.

"그런데 아미르, 뒤의 여성분은… 누구셔?"

"네? 아아, 제 친구예요. 사피야!"

사피야는 보고 있던 책을 원래 자리에 꽂아넣고서 우리 쪽으로 걸어왔다.

"인사드려. 이분은 내가 처음 지혜의 집에 왔을 때 같은 연구실에서 일했던 후나인 선배님이셔."

"사피야입니다. 알라의 평안이 당신에게 있기를."

"아아, 네. 저는 후나인입니다. 당신에게도 알라의 평안이 있기를."

후나인 선배는 깜짝 놀란 얼굴이었으나 금방 사피야에게서 시선을 거두었다.

"야! 아미르. 이렇게 아름다운 친구분이 있다는 걸 왜 여태 나한텐 말 안 해준 거야?"

"예? 아하하. 딱히 뭐 말씀드릴 기회가 없었으니까요."

"허어… 그런데 오늘 여기엔 어쩐 일로?"

"아아, 사피야가 이번에 제 과제인 암호 해독을 도와주겠다고 해서 같이 책을 좀 찾아보려고 왔어요."

"뭐? 그 말은 설마 네 친구분이 너의 연구를 도와줄 정도의 실력자란 말?"

"하하, 네. 뭐 그렇죠?"

사피야는 우리의 대화를 아랑곳하지 않고 수레에 가득 실린 새 책들에 관심이 있는 듯 시선을 떼지 못하고 있었다. 후나인 선배는 그런 사피야를 신기한 눈으로 보다가 말을 건넸다.

"혹시 뭐 보고 싶으신 거 있으시면 가져가셔도 됩니다."

"아, 정말요?"

"네, 허허. 뭐 뒷정리는 우리 아미르가 알아서 다 해줄 테니까 전 상관없거든요."

사피야는 날 슬쩍 보았고, 나는 고개를 끄덕였다.

"그러면 이 책을 좀 가져가서 봐도 괜찮겠습니까?"

그녀가 고른 책은 의외로 수학 서적이 아닌, 웬 낯선 지리 서적이었다. 그때였다.

"야! 너 지금 노냐!?"

갑자기 뒤에서 들린 큰 목소리에 놀라서 돌아보니 후나인 선배와 마찬가지로 책을 한가득 실은 수레를 씩씩대며 끌고 오는 알하산 선배가 보였다. 후나인 선배는 웃으며 답했다.

"아니야. 나도 여태 계속 나르다가 이제 잠깐 숨 돌리는 거야."

알하산 선배는 후나인 선배의 옆까지 와 수레를 멈추고 숨을 헐떡거리더니 날 보고 말을 꺼냈다.

"뭐야, 아미르 아냐? 넌 왜 여깄냐? 암호는 벌써 다 풀었어?"

말 속에 뼈가 있는 느낌이다. 그도 그럴 것이 바누 무사 형제 중 막내인 알하산 선배 또한 자기 형들과 함께 이 문제를 해결하기 위해서 연구하는 중일 테니까.

"아니요, 하하. 안 그래도 그거 때문에 자료 좀 찾으러 왔습니다, 선배님."

"그래? 오우…. 그런데 옆에는 웬 여자?"

"아, 제 친구입니다. 자료 찾는 걸 같이 도와주려고 왔고요."

"친구?"

사피야의 얼굴을 똑바로 바라보는 알하산 선배의 눈빛이 어딘지 께

름칙하여 조금 불쾌해졌다.

"사피야, 이만 가자. 그럼 선배님들. 오늘도 힘내십시오!"

사피야를 돌려세우며 돌아서는 내게 알하산 선배가 다시 말을 걸어왔다.

"야! 잠깐만 서 봐. 둘이 진짜로 친구야?"

나는 마지못해 대답했다.

"… 네, 그렇습니다만?"

"그럼 네 친구 오늘 나한테 좀 빌려줘라. 완전히 내 취향인데."

"예?!"

"야야, 알하산. 너 미쳤어? 갑자기 그게 무슨 실례야?"

후나인 선배는 손으로 알하산 선배의 입을 막으려 했다.

"아, 왜! 둘이 그냥 친구라잖아? 저 여자애 내가 완전 좋아하는 얼굴상이란 말이야!"

"술이라도 마셨냐 너? 야, 아미르. 그냥 모시고 얼른 가서 네 할 일이나 해. 다음에 보자."

둘이서 옥신각신하는 틈을 타 나는 사피야를 데리고 얼른 그 자리를 피했다. 속에서 열불이 올라왔지만, 파랗게 얼굴이 질린 사피야를 보고서 차마 일을 더 크게 만들 수는 없었다.

Ⅴ.

"많이 놀랐지? 그 사람 원래 평소에도 상당히 무례해. 후배들한테도 함부로 하고. 하필이면 오늘 너랑 있을 때 그 사람을 마주칠 게 뭐람."

우리는 열람실 의자에 앉아서 잠시 숨을 돌리고 있다.

"그분도 너와 같은 연구실에서 일했던 거야? 너도 참 맘고생 많이 했겠네."

"아니. 알하산 저 사람은 내 직속 선임인 적이 없었는데도 저러는 거야. 바누 무사 형제들이라고 알하산은 그 삼 형제 중에 막낸데, 아버지가 알마문 칼리파님의 절친이거든. 그러니까 위가 없는 사람처럼 행동하는 거지. 하지만 그렇다고 해서 또 실력이 전혀 없는 사람들은 아니라서 더 꼴불견이야."

"바누 무사 형제?! 아까 그 사람이?"

"응. 셋 중에 막내. 왜?"

그러고 보니 며칠 전에 야쿱 스승님과 둘러앉아 얘기할 때도 바누무사 형제 얘기가 나오니까 움찔했었지. 왜 그런 걸까?

"아미르. 너는 여기서 일도 하면서 정말 선생님과 저 사람들의 관계를 모르는 거야? 저 사람들이 야쿱 선생님을 얼마나 괴롭히는지?"

"엥? 그건 또 무슨 소리야?"

사피야는 한심한 표정으로 내 얼굴을 보며 작게 한숨을 쉬더니 말을 이었다.

"나도 선생님께 들었던 말이 전부야. 하지만 방금 실제로 그들 중 한 사람을 보기도 했고, 또 네 얘기도 듣고 나니 대충 어떤 상황인지가 그려진다."

"무슨 상황인데? 나한테도 좀 얘기해줘 봐."

"… 혹시 이 지혜의 집에서 야쿱 선생님의 영향력이 얼마나 돼?"

"스승님의 영향력?"

스승님의 영향력이라…

"글쎄 딱히? 아, 물론 워낙 오래 근무하셔서 스승님보다 윗사람이라고 할 만한 사람은 무함마드 알콰리즈미 님 말고 딱히 떠오르지는 않지만. 그렇다고 해서 스승님이 뭐 독자적인 세력을 만들거나 정치질을 좋아하는 분은 또 아니라서. 너도 그런 스승님의 성격은 잘 알잖아?"

"그거야 그렇지. 그렇다면 무함마드 님의 영향력은?"

"알콰리즈미 님? 그야 절대적이지! 이 지혜의 집에서는 무함마드 님이 곧 칼리파님이라 보면 돼."

"그러면 혹시 그 무함마드 님께서 야쿱 선생님을 많이 아끼시는 편이야?"

"아…!"

사피야가 무슨 말을 하는 건지 대충 알 것 같다. 확실히 무함마드께서 스승님을 막 티 나게 편애하는 모습이 보였던 건 아니지만, 그동안 두 분이 상당수의 공동 연구를 해왔던 점을 고려해 보면 아마도 야쿱 스승님이 무함마드 님의 오른팔 같은 존재라 해도 그리 이상하지는 않을 테다.

그리고 이 지혜의 집에서 더없이 떵떵거리고 싶어 하는 바누 무사 형제들에게는 그런 스승님의 존재가 어쩌면 꽤 거슬렸을 수도….

"바누 무사 형제들이 야쿱 스승님을 견제한다는 얘긴 거지?"

"응. 내 생각엔 그래. 선생님께서 공들여 집필하신 책들도 그 사람들이 몇 번이나 집요하게 딴지를 걸었거든. 잘못된 내용도 아니고 사소해서 남들은 충분히 넘어갈 부분들에 대해서까지 일부러 흙탕물을 만들어서 선생님에 대한 여론을 악화시키려 시도했고 말이야. 그 때문에 선생님이 많이 괴로워하시던 걸 나는 몇 번이나 보았어. 그런데 넌 그런 상황을 여태껏 모르고 있었다니. 너도 참 무심할 때는 너무 무심하단 말이야."

"… 스승님께서 나한테는 그런 얘기를 전혀 해주지 않으셨으니까. 그래서 그때 내가 이번 일을 사람들 앞에서 공개적으로 받았던 걸 네가 나무랐던 거구나. 스승님께서도 그런 반응이셨던 거고."

그런 뒷일이 있었을 줄이야. 내가 벌인 이번 일의 무게가 더욱더 무겁게 내 양어깨를 짓누르는 듯하다.

"예나 지금이나 대체 그 권력욕이란 게 뭔지 참 한심해. 자기가 해야 할 일에 집중하고, 서로 돕고 응원하며 살아갈 수는 없는 걸까? 그럼 이 세상은 훨씬 더 아름다울 테고, 인류의 과학도 문명도 지금보다 몇 배는 더 발전했을 텐데."

분노한 듯이 마지막에 살짝 떨리기까지 하는 그녀의 목소리에 난 살짝 놀랐다. 사피야가 평소에 저런 생각도 하고 있었구나.

이대로는 분위기가 한없이 더 가라앉을 것만 같아, 나는 아무래도 이쯤에서 화제를 돌려야겠다는 생각이 들었다.

"그런데 사피야. 아까 수레에서 집어온 그 책은 뭐야?"

"… 아, 이거?"

그녀는 책을 쥐고서 한동안 묵묵히 겉표지만 보았다. 그러다 나지막이 입을 뗐다.

"그냥 문득 궁금해져서. 아마도 있을 것 같은데 직접 내 두 눈으로 확인해 보고 싶었거든."

"뭐를?"

그녀는 천천히 책을 펼쳤다. 새로 쓰인 지리서답게 각 지역의 지도가 아주 세밀하게 그려져 있었다.

국내 지역들의 지도가 나온 부분을 빠르게 넘기고 외국 지도를 찬찬히 훑던 사피야의 손이 멈춘 곳은 어느 먼 동쪽 나라의 지도였다.

"있구나, 정말로…."

"오오? 거기가 어딘데?"

난 고개를 쭉 뻗어 사피야의 시선이 향하는 곳에 적힌 지명을 읽어보았다.

"신…라?"

"…"

"왜? 여기가 어딘데 그래?"

몇 초간 뜬금없는 정적이 흐르더니, 갑자기 책 위로 사피야의 눈물 한 방울이 툭 떨어졌다.

"어어?! 사피야, 지금 우는 거야? 갑자기 왜 그래?"

나는 황급히 소매를 빼 그녀의 눈물을 닦아주었다.

"… 그냥. 가보고 싶어서 그런가? 갑자기 눈물이 나네."

"야. 아무리 가보고 싶어도 그렇지. 그게 울기까지 할 정도야?"

"후훗. 그러게. 웃기지?"

나는 영문을 몰라 어리둥절했지만, 일단은 애써 그녀의 등을 다독이며 위로해 주었다.

"그래. 여기는… 우리가 있을 곳이 아니야."

시간이 지나 간신히 진정된 그녀가 들릴 듯 말 듯 작은 목소리로 읊조린 말이었다.

암호 해독

I.

"아무리 생각해도 재배열 문제로 접근해서는 안 될 것 같아."

한참을 고민에 빠져 있던 사피야의 말이다.

우리는 그날 이후로 매일 지혜의 집으로 와 암호 해독을 위한 연구를 하고 있다. 세계 각지의 수학 서적이 즐비한 이곳이 연구하기에 최적의 장소라는 사피야의 의견에 따라서다.

사피야는 항상 니캅을 둘러쓰고서는 사람들과 최대한 마주치지 않으려고 늘 내가 애용하던 열람실의 구석 자리를 찾는다. 나 역시 그녀와 함께하려고 연구실 사람들에게 이번 과제에 집중하는 동안은 출근하지 않겠노라 알렸다. 어차피 내가 근무하는 연구실은 각자가 담당한 서적을 번역하기 바쁠 뿐, 서로가 협동하여 어떤 공동의 일을 하는 경우는 많지 않기 때문에 모두 감사히도 용인해 주었다.

"왜?"

나는 검토 중이던 책을 잠시 내려놓고 사피야를 보았다. 책상 위에 수학책을 한가득 쌓아놓고서 하나하나 들춰 보고 있던 나와는 다르게, 그녀는 아침부터 빈 종이에 이따금 무언가를 끄적이기만 할 뿐이었다.

"일단은 문자의 재배열로써 암호를 해독할 수 있다고 해도 문제야. 기본 문자만 해도 28개나 되니까. 그리고 무엇보다도 이런 접근방식으로는 도저히 이 이상한 기호들까지 해독할 수는 없어."

사피야의 말이 틀린 건 아니다. 28개의 기본 아랍 문자[1]를 재배열하는 방법의 수는 이론상 $1 \times 2 \times 3 \times \cdots \times 28$가지나 된다. 문자를 적절히 나눠서 재배열하면 그 가짓수가 확 줄어들긴 하지만, 분명한 한계는 있다. 하물며 단 8개의 문자만을 재배열한다고 해도 그 가짓수는 무려 $1 \times 2 \times \cdots \times 8 = 40320$나 되기 때문이다. 즉, 적어도 6개 이하의 문자 덩어리로 분할(6개 문자를 재배열하는 가짓수는 $1 \times 2 \times \cdots \times 6 = 720$개다)하지 않는 한, 문자의 재배열로 암호를 해독하는 방법은 현실적이지 못한 해독법이라고 봐야 할 것이다.

또한, 사피야가 말한 대로 암호에 쓰인 이상한 기호들(◇, ▫, △, ◎ 등)은 애초에 문자도 아니다. 지금 보고 있는 암호문에는 이러한 기호들이 쓰인 횟수가 적어서 그동안 애써 무시했지만, 이 기호들이 어쩌면 중요한 의미를 담고 있을 수 있다는 그 가능성마저 무시할 수는 없는 노릇이다. 더구나 이러한 기호가 문자 못지않게 많이 쓰인 암호문들마저 있으니….

---

1 아랍 문자는 28개의 기본 문자 외에 특수 기호가 존재하며, 아랍어 외의 언어에서 사용되는 변형 문자들도 있다.

"그러면 어떻게 이 문제에 접근해야 돼?"

"모르겠어. 그렇다고 이렇게 마냥 책을 뒤진다고 해서 풀릴 문제도 아니란 거지. 그리고 생각해 봐. 만약에 과거의 지식으로 해결될 수 있는 문제였으면 벌써 누군가가 해결하지 않았겠어?"

"… 그럼 이제부터 어떻게 문제에 접근해야 해?"

나는 보고 있던 책을 덮고 책상 위에 엎드렸다. 사피야의 부정적인 의견에 맥이 꺾이는 기분이다.

"아미르. 너는 이 특수 기호들이 뭔 거 같아?"

"이 기호들?"

그동안 머리 밖에 밀어두고 있었던지라 진지하게 고민해 본 적은 없다. 이 이상한 기호들의 의미라….

"글쎄? 뭐 어쨌든 간에 문자겠지. 자기네들끼리 약속해서 정한."

"문자? 왜?"

"… 그냥 생각난 대로 한 말이라서 딱히 이유는 모르겠는데."

사피야 특유의 '풉' 하고 웃는 소리가 들렸다.

"자, 생각해 봐 아미르. 이 특수 기호들은 물론 너의 말대로 어떤 문자들일 수도 있지만, 이 자체로 어떤 단어들일 수도 있어. 또는 어떤 문장들일 수도 있지. 아니면 그저 공백일 수도, 또는 적들을 교란하려고 일부러 아무런 의미 없이 넣어놓은 것일 수도 있단 말이야."

"흠… 그렇구나. 넌 어떻게 매번 그런 다양한 가능성을 금방금방 떠올리는 거야? 볼 때마다 신기하네."

"아침부터 계속 고민하고 있었으니까. 하지만 그중에 과연 어떤 것일지 아니면 또 다른 어떤 무언가일지는 전혀 감이 오지 않아."

"어쨌든 너는 이 특수 기호 해독부터 해보자는 얘기지?"

"응."

"그럼 바로 확인을 해보자. 굳이 더 고민할 필요도 없잖아?"

"확인?"

"어. 네가 말한 순서대로 하나하나 검증해 보지 뭐. 우선 이 특수 기호들이 각각 어떤 문자들을 의미할 가능성부터."

새로운 시작점을 맞이했다는 생각에 나는 살짝 들뜬 기분이 되어 말했지만, 사피야는 두 눈만 깜박거릴 뿐이었다.

"… 어떻게?"

"어?"

"이 기호들이 문자인지는 어떻게 확인해?"

"아아, 그건…"

그러게. 만약에 이 특수 기호들이 문자라면 무슨 일이 생기지? 예를 들어 암호문에 쓰인 마름모 기호 ◇가 문자 ㅂ(바)를 의미하는 기호였다고 가정한다면?

그럼 일단 당연하게도 암호문에 드러난 ㅂ는 더는 ㅂ가 아니라 다른 어떤 문자를 의미해야 할 거다. 안 그러면 ◇랑 중복되니까. 가령 ㅌ(타)라든지. 그러면 또 암호문에 쓰여 있는 ㅌ는 이제 ㅌ가 아니라 또 다른 문자를 의미할 테고….

어? 이거 어쩌면!?

"사피야! 암호문에 혹시 쓰이지 않은 문자가 있는지 찾아보자!"

"응?"

"그러니까 예를 들어서 특수 기호가 4개 들어간 암호문이라면 문자 4개가 없을 거야. 아니, 그러니까 이 특수 기호들이 만약에 문자라면 말이지! 왜냐면 기호들이 만약에 문자를 의미했다면 그만큼 원래의 문자들은 밀려나게 될 테니까!"

"… 그게 무슨 말이야? 아미르. 좀 천천히 얘기해 봐."

"어… 그게 그러니까."

머리가 빠르게 돌아간다. 나는 사피야 앞에 놓인 펜을 들어 떠오르는 생각을 종이에 적으며 차근차근 설명해 갔다.

"만약에 ◇가 ㄴ를 의미하는 기호였다고 해봐. 그럼 ㄴ는 이제 ㄴ이면 안 되잖아? ◇랑 헷갈리니까. 그러니까 ㄴ는 또 다른 문자, 뭐 예를 들어서 ㄷ 같은 걸 의미해야겠지? 그럼 마찬가지로 ㄷ는 ㄷ가 아닌 또 다른 문자 ㄹ 같은 걸 의미할 거야. 이런 식으로 하나하나씩 밀리다 보면 결국엔!"

"암호문에 드러나는 문자의 종류는 27개뿐이겠구나!"

"그렇지! 바로 그거야. 그래야만 특수 기호 ◇까지 합해서 총 28개가 되니까."

ㄱ ㄴ ㄷ ㄹ ㅁ ㅂ ㅅ ㅇ ㅈ ㅊ ㅋ ㅌ ㅍ ㅎ

⇒ ◇ ㄱ ㄴ ㄷ …

ㄱ을 특수 기호 ◇로, ㄴ을 ㄱ으로 암호화하고,
마찬가지 방식으로 각 문자를 암호화했다고 가정하자.

⇒　◇　ㄱ　ㄴ　ㄷ　ㄹ　ㅁ　ㅂ　ㅅ　ㅇ　ㅈ　ㅊ　ㅋ　ㅌ　ㅍ

그러면 암호화된 문자에는 ㅎ이 존재하지 않게 된다.

즉, 암호로 쓰인 '문자'는 ㄱ부터 ㅍ까지 13개뿐이다.

사피야의 두 눈이 크게 떠졌다. 니캅을 두르고 있어 눈 아래로 보이지 않지만 아마도 크게 함박웃음을 짓고 있을 것이 분명하다. 간만에 사피야에게서 점수를 딴 모양이야. 기분이 날아갈 것만 같다.

"아미르! 너 이걸 지금 방금 떠올린 거야? 아니면 혹시 예전에 이런 내용에 관해서 공부한 적이 있었던 거니?"

"어? 아니. 그냥 방금 막 떠오른 생각인데. 아하하."

"신기하다…. 대단해!"

"에이, 네가 할 소리는 아니지. 나야말로 매번 너의 발상에 깜짝깜짝 놀라곤 하는데 뭘. 하하."

"아니야. 나는 너처럼 그렇게 머리가 빠르진 않아. 한번 공부할 때 깊게 하는 편이라 그 당시에 고민했던 내용을 비교적 오래 기억할 뿐이지."

"그, 그래?"

나를 신기한 듯 빤히 쳐다보는 사피야의 눈빛에 괜히 민망해져 뒷머리를 긁적거렸다.

어쨌든 나의 발상을 검토하는 데에는 그리 오랜 시간이 걸리지 않았다. 실제로 우리가 가져온 암호문들을 살펴보니 특수 기호가 3개 포함된 암호문에서는 정확하게 3개의 문자가, 특수 기호가 4개 포함된 암호문에서는 정확히 4개의 문자가 누락된 사실을 금방 확인할 수 있었기 때문이다.

Ⅱ.

"이야~ 너희가 나보다 낫네. 그럴싸하다."

"그렇죠, 스승님? 하하하!"

나와 사피야는 야쿱 스승님께 낮 동안에 알아낸 사실을 말씀드렸다. 들떠서 어깨가 한껏 올라간 나를 사피야는 나무라듯이 팔꿈치로 쿡 찔렀다.

"그러면 이제부터는 어떻게 할 건데? 기호들이 각각 어떤 특정 문자들이었다 치고. 그다음 연구 방향도 정했어?"

야쿱 스승님의 질문에 나는 사피야를 슬쩍 보았다. 나와 눈이 마주친 사피야는 입을 뗐다.

"우선은 암호문에 쓰인 문자와 기호들이 본래 어떤 문자였을지 역으로 추적해 보려고요. 하지만 딱히 어떤 구체적인 계획을 세운 건 아니에요."

"딱 봐도 험난한 여정이 되겠네."

"네. 그래서 그러는데, 혹시 선생님께서 저희에게 해주실 조언이 있으신가요?"

스승님은 팔짱을 끼고서 고민에 빠지는 듯했다. 그러다 문득 사피야와 나를 번갈아 보더니 팔짱을 풀고 자리에서 벌떡 일어나셨다.

"둘 다 따라와 봐."

"네?"

우리는 영문도 모른 채 스승님을 따라서 2층에 있는 스승님의 방으로 들어갔다. 책상 위에 쌓인 책들 사이에서 스승님은 어떤 종이 뭉치를 꺼내어 우리에게 내밀었다.

"이걸 가져가서 참고해."

"… 이게 뭡니까?"

"암호문들의 치환표[2]다."

"네?!"

나와 사피야는 깜짝 놀라 스승님께서 내민 종이 뭉치를 빠르게 받아 넘겨보았다. 내가 그날 가져왔던 암호문들의 치환표가 빼곡히 적혀 있었다.

"스승님! 어떻게 이걸?"

"기밀 자료실에서 빼왔지. 일부 누락된 건 내가 대충 메꿔놨고."

가슴이 두근두근 뛰었다. 사피야도 놀란 표정으로 치환표에서 눈을

---

[2] 일대일 대응원리로 어떤 기호를 다른 기호로 바꾸는 행위(치환)를 돕기 위한 표. 아래는 그 예시이다.

ㄱ	ㄴ	ㄷ	ㄹ	ㅁ	ㅂ	ㅅ	ㅇ	ㅈ	ㅊ	ㅋ	ㅌ	ㅍ	ㅎ
ㄱ	ㄴ	ㄷ	ㄹ	ㅁ	ㅂ	ㅅ	ㅇ	ㅈ	ㅊ	ㅋ	ㅌ	ㅍ	ㅎ

이 치환표에 따라 '대한민국'은 '걔캇힟둗'으로 암호화된다.

떼지 못하고 있었다.

"아마 틀린 건 없을 거다. 막 굴리지 말고 소중하게 다뤄. 기밀 자료실에도 몇 부 없는 거니까."

"이런 귀한 자료를 저희가 이렇게 막 봐도 되는 겁니까?"

"당연히 아니지."

"네? 그런데 왜…."

스승님께서는 피식 웃으셨다.

"너희들이 이걸 보는 자체가 금지라는 게 아니고, 무함마드 관장님은 아마 연구원들이 이 자료를 보지 않고서 이번 과제를 해결하길 원하셨을 거란 얘기야."

"?"

"들춰 보면 알겠지만, 암호문마다 당연히 그 치환표들도 제각기 다르거든. 치환표란 건 어디까지나 암호를 만들고 쓰는 처지에서나 유용한 것이지 적한테는 이런 치환표가 공개될 리가 없잖아. 그러니까 진정한 의미의 암호 해독이 되려면 이런 치환표가 없이도 가능해야만 하는 거지. 관장님이 과제를 공표했던 날에 이 자료를 공개하지 않으신 이유이기도 할 테고. 하지만…."

"하지만?"

"내 생각에는 너희들의 연구 방향대로라면 이 자료가 꽤 쓸모 있을 거 같거든. 너희의 목표는 애초에 모든 암호문에 적용되는 치환표 같은 걸 만드는 게 아니니까."

그렇다. 이 치환표가 있으면 이제 주먹구구식으로 암호 문자가 가리키는 문자를 역추적할 필요가 없다. 아니, 애초에 역추적할 이유 자체가 사라진다.

"아미르. 그리고 사피야. 너희도 알겠지만, 이번 과제의 목표는 과거의 암호문을 해독하는 게 아니야. 명심해야 해. 새로 나올 암호문을 해독하는 방법을 찾는 게 이번 과제의 목표라는 걸. 그리고 이 치환표는 단순히 너희의 연구에서 불필요한 시간을 단축하라는 의미로 주는 거야. 남들한테 들키지 말고 몰래몰래 잘 쓰도록 해."

"네! 스승님!"

"감사합니다, 선생님."

나와 사피야는 환한 표정으로 서로를 마주 보았다.

III .

"바로 여깁니다, 선배님. 이 신라라는 곳이요."

난 그날 사피야가 보았던 그 지리서를 갖고서 후나인 선배를 찾아왔다. 예전에 지리학에도 관심을 두고 공부했던 선배이니 사피야가 보고서 눈물을 흘렸던 이 나라에 대해서도 알고 있지 않을까 싶어서다.

"아, 신라? 아주 잘 알지."

"오! 어떤 곳입니까?"

"당나라 너머 먼 동쪽에 있는 나라야. 위로는 발해라는 나라와 접해 있고. 금이 풍부해서 이 나라에 사는 사람들은 온몸에 금붙이를 잔뜩 달고 다닌다고 해."

"오호…"

"게다가 물도 깨끗하고 토지도 비옥하고. 뭐, 말 그대로 환상의 나라지. 그런데 갑자기 신라는 왜?"

"제 친구가 이 나라에 가보고 싶다고 해서요."

"이야, 뭘 좀 아는 친구네! 다녀온 사람들이 쓴 여행기 좀 읽어봤거나 지리를 좀만 공부해 본 사람이면 누구나 가고 싶은 나라로 꼽는 곳이거든 여기가. 나도 나중에 일 그만두면 가족 데리고 한번 가보는 게 인생의 목표고."

"아하… 그렇군요."

말하는 후나인 선배의 표정이 한껏 밝다. 사피야가 이런 데에도 관심이 있었구나. 나도 여행기 하나쯤 찾아서 읽어봐야 하나.

"그런데 무슨 친구? 설마 저번에 봤던 그 여성분?"

"아아, 네. 그 친구요."

"흠. 그런데 그날 이후로 별일은 없었지? 아까도 알하산 녀석이 너 보러 간다고 나가던데."

"네? 알하산 선배가요?"

"어. 그때 봤던 네 친구를 어떻게든 꼬실 거라면서 한동안 아주 노래를 부르고 다녔어. 결혼한 지 얼마 되지도 않은 녀석이 말이야. 아주 눈이 돌아가서는."

"…"

"안 그래도 만나면 얘기해 주려고 했는데, 앞으로는 되도록 그 친구 여기에 데려오지 마. 또 마주쳤다가 무슨 봉변이라도 당할라."

"예. 알겠습니다."

그때, 나는 문득 불안한 마음이 들었다. 설마… 지금 열람실에 있는 사피야가 알하산 선배와 마주쳤다거나 하는.

후나인 선배의 연구실을 나온 난 빠른 걸음으로 내 연구실로 향했다. 문을 벌컥 열고서 들어간 나를 연구실 사람들은 놀란 눈으로 쳐다보았다.

"어? 아미르. 너 한동안은 여기로 출근 안 한다며?"

"시난 선배님! 혹시 알하산 선배가 저를 찾으러 여기 오지 않았나요?"

"아까 오셨어. 그래서 내가 제4 자료 열람실에 있을 거라고 알려드렸는데."

"네!? 이런, 맙소사!"

난 문을 닫고서 곧바로 전속력으로 뛰었다. 심장이 터질 듯이 뛰었다. 제발… 둘이 마주쳤지 않았기를….

정신없이 달려 열람실에 도착한 나는 그대로 문을 획 열어젖혔다. 그리고 눈앞에 펼쳐진 광경에 매우 놀랐다.

알하산 선배는 고래고래 거친 욕설을 내뱉고 있었고, 복장이 거칠게 흐트러진 사피야는 그런 알하산 선배의 오른팔을 뒤로 꺾어 잡고서 책상 위에 엎드려놓고 제압을 하고 있었다.

Ⅳ.

알하산 놈(이제 선배라고 하고 싶지도 않다)은 씩씩대며 분한 기색을 감추진 못했으나, 자신도 나쁜 짓을 하려 했다는 사실은 인정하는 건지 별다른 저항은 하지 않고 그대로 열람실을 나가버렸다.

사피야는 의외로 침착했다. 오히려 요란법석을 떨었던 건 나였고, 사피야는 그저 가만히 침묵할 뿐이었다. 그렇게 한참을 가만히 있다가 별안간 내 눈을 보면서 말을 꺼냈다.

"그 사람이 그러더라. 너랑 나는 아무 사이도 아니지 않냐고. 아미르. 난 너에게 어떤 사람이야? 그냥… 아는 사람?"

나는 사피야의 그 질문에 제대로 된 답을 하지 못했다. 당시엔 너무나 갑작스럽기도 했고, 사피야에 대한 내 감정을 나조차도 단 몇 마디로 정리할 수 없었기 때문이다. 그때는 그랬었다. 참 멍청하게도.

그 후로 사피야는 나를 의도적으로 피하는 듯하다. 집에서 예배도 따로 드리고 밥도 함께 먹으려 하지 않았다. 스승님께서는 우리 둘이 다투기라도 한 줄로 생각하는지, 나에게 자꾸 먼저 가서 사과하고 끝내라고 하신다. 하지만 사과 한두 마디로 풀어질 그런 분위기도 아닌지라 그저 막연하고 답답할 따름이다.

그렇게 한동안 난 아무것도 손에 잡지 못한 채 마음만 졸이며 하릴없이 시간을 흘려보냈다.

V.

'어? 이거 어쩌면…'

침상에 누워서 오른손엔 암호문을, 왼손엔 치환표를 들고서 멍하니 보고 있던 내 머리에 번뜩하는 생각이 스쳤다.

시작은 이렇다. 우선, 암호에 쓰인 기호와 문자들이 각기 다른 문자를 의미하고 있다는 가정하에, 스승님께서 주신 치환표를 이용하여 암호문에 쓰인 빈도가 적은 특수 기호들이 가리키는 문자부터 살펴보았다. 당연하게도 암호문마다 설령 똑같은 특수 기호라 하더라도 가리키는 문자는 달랐다. 예를 들어서, 3년 전에 쓰인 암호문에 등장한 △는 치환표에서 ﺏ(다)를 가리켰지만, 4년 전에 쓰인 암호문에 등장한 △는 ﻉ(가인)을 가리키고 있었다.

사고의 진행이 막힌 상태에서 또다시 나는 멍하니 암호문들과 치환표를 쳐다보았고, 그러다 번뜩 떠오른 생각은 이러했다. 특수 기호 △가 가리킨 서로 다른 두 문자 ﺏ(다)와 ﻉ(가인)은 실제로 우리가 글을 쓸 때도 비교적 적게 쓰이는 문자라는 사실.[3]

생각이 여기에 미친 나는 곧바로 암호문에서 이번에는 거꾸로 가장 많이 쓰인 문자를 찾아보았다. 3년 전에 쓰인 암호문에서 가장 많이 쓰인 문자는 ﺱ(신)이다. 그리고 해당 암호문의 치환표에서 ﺱ(신)이 가리키

---

[3] 통계에 따르면 아랍 문자에서 ﺏ(다)는 약 0.1%, ﻉ(가인)은 약 0.3% 정도로 상대적으로 적게 쓰이는 문자라 알려져 있다. 자주 쓰이는 문자로는 ﺍ(알리프. 약 12.5%), ﻝ(람. 약 12%) 등이 있다.

는 문자를 보니 J(람)이었다.

이어서 4년 전에 쓰인 암호문에서도 가장 많이 쓰인 암호 문자를 살펴보았다. 이번에는 ﻑ(파)였다. 곧바로 해당 치환표에서 ﻑ(파)가 가리키는 문자를 확인한 나는 온몸에 소름이 돋았다. 놀랍게도 방금 확인했던 것과 같은 J(람)을 가리키고 있었기 때문이다.

	암호문에서 많이 쓰인 문자		가리키는 문자
3년 전	ﺱ(신)	⇒	J(람)
4년 전	ﻑ(파)	⇒	J(람)

나는 침상에서 벌떡 일어나 책상 앞에 가 앉았다. 또 다른 암호문들을 책상 위에 쫙 펼쳐놓고서 각 암호문에서 가장 많이 쓰인 문자들을 추려 나갔다.

약간씩의 차이는 있었다. 7년 전 암호문에서는 두 번째로 많이 쓰인 문자 ﻥ(눈)이 J(람)을 가리키는 문자였다. 그리고 10년 전 암호문에서는 세 번째로 많이 쓰인 문자 ﻉ(야)가 J(람)을 가리키는 문자였다. 어쨌든 현실에서도 많이 쓰이는 문자인 J(람)이 암호문에서도 많이 쓰였다는 나의 짐작(정확히는 J(람)을 가리키는 암호 문자가 많이 쓰였다는 짐작)이 유효함은 분명하다.

이례적으로 문자보다 특수 기호가 많이 쓰였던 12년 전의 암호문에서는 ◎가 가장 많이 쓰인 기호였는데, 치환표에서 ◎가 가리키는 문자를 확인하고는 짐작이 사실임을 확신했다. J(람)이었기 때문이다.

내 안에서 거대한 탄성이 솟구쳐 나왔다.

"알아냈다! 해냈어!"

나는 자리에서 방방 뛰다가 방문을 열고 1층으로 뛰어 내려갔다.

"스승님! 스승님!"

아 참. 스승님께서는 출근하셨지.

입이 근질근질해서 견디기가 힘들다. 그런 나의 눈에 문이 굳게 닫힌 사피야의 방이 보였다.

사피야를 한번 불러 볼까? 아마 사피야도 암호 해독을 위해서 노력 중일 텐데. 내가 알아낸 이 사실을 알려주면 이것이 계기가 되어 우리 사이가 다시 좋아지지 않을까?

나는 조심히 문 앞으로 다가가 손으로 문을 두드렸다.

"사피야. 나 아미르야. 혹시 안에 있어?"

한참 동안 반응이 없기에 다시 문을 두드리며 더 큰 목소리로 그녀를 불러보았다. 하지만 여전히 안은 조용했다.

조심히 방문을 열어 보았다. 역시나 그녀는 방에 없었다. 문 옆을 보니 그녀의 외출복도 보이지 않는 것으로 보아, 아무래도 외출을 한 모양이다.

방문을 닫고서 나는 다시 내 방으로 돌아와 암호문들과 치환표를 챙겨 밖으로 나왔다. 지혜의 집으로 가서 스승님을 만나 봬야겠다. 도저히 퇴근하실 때까지 참을 수는 없을 것 같으니.

VI.

"그러니까."

나의 설명을 쭉 들은 야쿱 스승님은 오른손으로 턱을 괴며 생각을 정리하셨다.

"암호문에 쓰인 문자와 기호들의 빈도에 따라서 그것들이 어떤 문자를 의미하는지 추정할 수가 있다는 거네?"

"네! 바로 그겁니다. 스승님."

"… 그러면 암호를 해독하기 위해선 현실에서 문자들이 각각 어느 정도의 빈도로 쓰이는지도 알고 있어야겠네?"

"그렇죠. 가능하다면 28개의 문자에 대한 실사용 빈도를 싹 다 조사해서 서열화하면 좋을 것 같습니다."

"음… 이거 말 되네."

스승님은 날 보며 이내 환한 웃음을 지어 보이셨다.

"이야, 아미르! 너 이번에 잘하면 큰일 내겠다? 놀랍네 정말! 어떻게 이런 생각을 해낸 거야? 응?"

"저도 생각이 여기에 다다랐을 때 미칠 것 같았습니다! 그래서 이렇게 한달음에 스승님께 달려온 거 아니겠습니까? 하하하."

"기특하네. 아주 대견해! 대체 누구 제자인지 원!"

야쿱 스승님은 장난스럽게 날 툭 치며 웃으셨다.

"아, 그런데 문제는 실생활에서 문자들이 각각 얼마나 쓰이는지, 그 자료를 조사하는 작업이 만만치가 않다는 건데요. 스승님."

"그건 걱정하지 마. 내 조교들한테 맡기면 되니까. 큭."

"… 그 조교들에는 아마 저도 포함되겠죠?"

"당연하지! 네가 말한 방법인데 네가 총괄해야지 않겠냐? 흐흐."

"아하하… 네…. 그야 그렇죠."

이런. 앞으로도 험난한 여정은 계속해서 이어지겠군.

"아 참, 오늘 아침에 사피야도 나랑 같이 지혜의 집에 왔는데. 아마 지금 열람실 어딘가에서 공부하고 있을걸?"

"네?!"

사피야가? 여기에?

"인마. 뭔진 모르지만 네가 먼저 가서 미안하다고 딱 말해. 한집에 같이 살면서 언제까지 그렇게 서로 등 돌리고 있을 거야?"

"…"

"너 사피야 좋아하는 거 아니었나? 사피야가 저리 토라지면 손해 보는 건 너일 텐데?"

"네, 네?! 스승님. 어떻게 그걸?"

"계속 알고 있었어. 너 다 티가 나거든. 흐흐."

스승님은 능글맞게 웃으시며 날 한 번 더 툭 치고 뒤돌아 가셨다.

아니. 사피야가 지혜의 집에 왔다고? 혹시라도 또 알하산 놈과 마주치기라도 하면 어쩌려고!

나는 도서관 방향으로 냅다 뛰었다.

VII.

없다. 도서관 열람실을 모두 뒤지며 찾아다녔지만, 사피야는 보이지 않는다.

혹시 집으로 돌아간 걸까? 발걸음을 멈추고 제자리에 서서 가쁜 숨을 몰아쉬다가 불현듯 한 장소가 머릿속에 떠올랐다. 나는 다시 뛰기 시작했다.

사피야와 왔었던 자료실로 도착한 나는 돌아다니며 서가들을 기웃거렸다. 그러다 마침내 저 멀리에 있는 한 서가 앞에 서서 책을 읽고 있는 익숙한 뒷모습이 보였다.

"사피야!?"

가까이 다가가 이름을 불러보았다. 내 목소리에 반응해 뒤돌아선 그녀는 역시 사피야였다.

"어? 아미르. 여기엔 어떻게?"

"너야말로! 왜 또 지혜의 집에 온 거야?!"

"오면 안 되기라도 하는 거야? 찾을 책이 있어서 선생님 따라서 왔지. 그러는 넌 여기 왜 왔어? 출근?"

"안 되는 건 아니지만… 아! 그러고 보니 이 자료실은 외부인 출입 금지인데 어떻게…?"

"운 좋게도 복도에서 네 선배님을 만나서 도움을 받았어. 성함이 후나인이셨지 아마?"

"후나인 선배를?"

84

"응. 너 그분한테 별 얘길 다 했더라? 내가 신라에 가고 싶어 한다는 얘기도 했다며?"

"어!? 아아. 응. 말하면 안 되는 거였다면… 미안해."

"후훗. 아니야. 덕분에 신라까지 갈 수 있는 방법에 대해서도 자세히 들었거든. 참 친절하시더라."

"그, 그래?"

사피야는 눈웃음을 지었다. 그녀의 입에서 후나인 선배 이야기가 나오자 왠지 모르게 질투가 났지만, 겉으로 내색하지는 않았다.

"마침 잘됐다. 아미르. 좀 따라와 볼래? 줄 게 있었거든."

"응?"

사피야는 내게 따라오라는 손짓을 한 번 하고서 앞장서 걸었다. 나는 그런 사피야의 뒤를 바짝 쫓았다. 그나저나. 사피야는 나에게 화나 있던 게 아니었나? 예전처럼 살갑게 다시 날 대해주니 안심이긴 하지만.

적막 속에서 우리는 한참을 나란히 걸었다. 심장이 두근두근 뛴다. 그러다 문득 나는 지금이야말로 그때 사피야에게 못했던 대답, 그녀에 대한 나의 감정을 솔직하게 꺼낼 순간이라는 생각이 들었다.

하지만 막상 입을 떼려고 하니 머릿속에 수많은 단어가 들어와 엉킨다. 안 돼, 지금이야. 무슨 단어로든지 시작해야 해! 아미르. 지금이 용기를 내야 할 순간이야!

"아미르?"

"어! 어어!?"

갑자기 사피야가 먼저 말을 걸어와 화들짝 놀라버린 나는 하마터면 발이 엉켜 넘어질 뻔했다.

"너 그거 알아? 나, 전부터 너랑 독서실에 같이 와보고 싶었어."

"도, 독서실? 아아, 도서관?"

"… 응. 그래서 너를 따라 여기에 처음 왔던 날, 참 즐거웠어. 비록 좋지 않은 일을 겪긴 했지만."

"아! 그 알하산 자식! 너 설마 오늘 또 그놈을 마주치거나 하지는 않았지?"

"응. 그리고 또 마주치면 뭐 어때. 내가 그 사람한테 잘못한 것도 없잖아?"

"아니, 그래도 그놈이 너한테 혹시나 또 무슨 나쁜 짓을 할지 모르니까…"

이야기하는 중에 사피야의 걸음이 멈췄다. 제3 열람실 앞이었다.

열람실 문을 열고서 안으로 들어간 사피야는 자신이 공부하던 자리로 나를 인도했고, 공부하던 책상 위에 놓인 여러 책 중에서 두 권을 집어 나에게 내밀었다.

각 책의 표지에는 『구장산술』이라 쓰여 있었다.

"구장산술? 혹시 옛날에 위나라 유휘가 쓴?"

"응. 맞아. 너 동양 수학은 별로 공부 안 해봤지? 이거 가져가서 한번 공부해 봐. 원래는 전체가 아홉 개의 장章으로 이루어진 책인데, 이건 그중에 방정方程장 그리고 이건 소광少廣장이야."

"어? 어어… 그래."

나는 그녀가 내민 책들을 순순히 받아들었다. 그 후로 구장산술과 이 책의 저자인 유휘에 대한 그녀의 설명이 길게 이어졌다.

이렇게 결국 오늘도 기회를 놓쳐버리고 말았다. 그래도 우리 사이가 예전처럼 다시 좋아진 거 같아서, 그것만으로도 참 다행이란 생각이 들었다.

이별

I.

드디어 지긋지긋한 계산 지옥이 끝나는 순간이다.

열심히 더한 값을 마지막 빈칸에 채워 넣었다. 이로써 28개의 기본 문자들에 대한 사용 빈도 자료가 완성된 것이다.

문자	사용 횟수	순위	문자	사용 횟수	순위
ا	26693	1	س	4912	14
ب	9610	8	ع	8328	10
ج	3844	16	ف	5766	11
د	5339	13	ص	1922	19
ه	10677	7	ق	5552	12
و	12386	6	ر	8755	9
ز	854	26	ش	1495	23
ح	1762	20	ت	1747	21
ط	1068	24	ث	2349	17
ي	13240	5	خ	1931	18
ك	4057	15	ذ	1708	22
ل	25626	2	ض	881	25
م	13453	4	ظ	214	28
ن	13667	3	غ	641	27

무려 20만 개가 넘는 글자에 대해서 취합한 자료다. 이 정도면 충분히 의미 있는 자료라고 볼 수 있겠지.

지난 2주일가량의 노력의 산물(물론 사피야와 지혜의 집 다른 연구원들의 도움도 많이 받긴 했지만)을 앞에 놓고 벅차오르는 감정이 든다. 그와 동시에 얼른 이 자료를 바탕으로 실제 암호문에 적용해 보고 싶은 욕구도 샘솟는다.

사전에 빈도 조사가 끝난 암호문 하나를 꺼내 펼쳤다. 약 700자로 이루어진 이 암호문에서 가장 많이 쓰인 문자는 س(신)이고 그다음은 ش(쉰)이다. 하지만 방금 완성한 자료에 의하면 두 문자의 실제 사용 빈도는 س이 14위, ش은 고작 23위에 불과하다. 즉, 이 두 문자는 암호화한 문자임이 분명하며, 그 쓰인 횟수가 다른 문자들에 비해 압도적으로 많다는 사실은 높은 확률로 이 두 암호 문자가 가리키는 원래 문자가 ا(알리프. 빈도 1위)와 ل(람. 빈도 2위)이었기 때문이리라.

순위	암호문에서 쓰인 빈도		현실에서 쓰이는 빈도
1위	س (신)	⇒	ا (알리프)
2위	ش (쉰)	⇒	ل (람)

마찬가지로 암호문에서 눈에 띄게 많이 쓰인 문자들을 추려서 순서대로 ن(눈. 빈도 3위), م(밈. 빈도 4위) 등으로 치환해 나갔다. 고작 여기까지 했을 뿐이지만 놀랍게도 벌써 암호문에는 내 눈에 익숙한 문자열들이 상당수 포착되었다.

예를 들어 다음과 같은 암호문이 있다고 하자.

춥닉치니 바사. 추시촤 캅께 치돛카사.

빈도 자료에 근거하여 이 암호문에서 ㅊ을 ㅇ으로, ㅅ을 ㄹ로, ㅋ을 ㅎ으로 각각 치환했다고 하자. 그러면 위 문장은 다음과 같이 변환된다.

옵닉이니 바라. 우리와 합께 이동하라.

뒷 문장인 '우리와 합께 이동하라.'는 눈에 익은 문장이다. 아마도 '합께'의 원문은 '함께'였을 거다. 따라서 추가로 암호문에서 ㅂ을 ㅁ으로 치환하는 게 타당해 보인다. 그러면 앞 문장인 '옵닉이니 바라.' 역시 '옴닉이니 마라.'로 바뀐다.

옴닉이니 마라. 우리와 함께 이동하라.

이 역시 눈에 익다. 직감적으로 '옴닉이니 마라.'는 '움직이지 마라.'였을 것으로 추정된다. ㄴ을 ㅈ으로 치환함이 타당해 보인다. 이렇게 하여 암호문의 해독은 다음과 같이 끝난다.

움직이지 마라. 우리와 함께 이동하라.

이런 방식으로, 공들여서 완성한 빈도 자료에 따라 처음에 확실하게 치환한 단 몇 개의 문자는 예상보다 더 암호 해독에 큰 단서가 되어주었다. 이후부터는 경험에 비추어 연상되는 익숙한 문자열을 추가로 자연스럽게 치환해서 굳이 빈도 자료를 다시 들여다보지 않아도 해독을 이어갈 수 있었다.

이따금 해독이 막힐 때는 빈도 자료를 뒤져 몇 개의 후보 문자들을 추려내 경우의 가지를 만든 후, 각 경우에 대해서 마찬가지로 추론을 이어 나가면 그만이었다.

어느샌가 암호 해독의 재미에 푹 빠져서 시간 가는 줄 모르고 몰두해버린 나는 불과 두 시간여 만에 700여 자의 암호문을 말끔히 해독하는 데 성공했다. 그리고 내가 해독한 결과지와 암호문의 치환표를 대조하면서 나는 이루 형언할 수 없는 성취감을 만끽하였다.

Ⅱ.

"그래도 내가 받아온 과제였으니까 내가 발표하는 게 맞지 않아?"

"네가 위험해질 테니까 하는 얘기야. 아미르."

나와 사피야는 집에서 나와 미드하나[1] 옆 공터에 앉아 이야기하고 있다. 나는 사피야에게 완성된 암호 해독법을 알려주었고 사피야는 더

---

1 ჰიჯრა. 마스지드 본당 주변에 있는 탑 모양의 구조물.

없이 환한 표정으로 기뻐해 주었다. 하지만 곧 정색하더니 이 내용의 발표를 야쿱 스승님에게 부탁하라고 했다.

"왜? 바누 무사 형제들 때문에?"

"… 그런 정도의 문제가 아니야. 또 그들 말고도 지혜의 집에는 출세를 노리는 사람들이 많다며? 그 모든 사람이 곧 너의 적이 될 수도 있어."

"그러니까 더욱더 내가 발표하는 게 맞지 않을까? 괜히 스승님한테 화를 돌리게 되는 꼴이잖아."

"어휴, 정말…."

사피야의 얼굴을 보니 내가 진심으로 걱정되는 듯한 표정이기는 하다.

"아미르. 네가 이걸 발표해서 얻을 수 있는 게 뭔데?"

"금화 400개, 명예 그리고 칼리파님의 총애? 아하하."

"아미르. 그런 게 정말로 네게 중요한 것들이야? 이미 너는 그 누구도 못 해낸 수학 이론의 발명으로 더없이 큰 성취감과 경험을 맛보았잖아."

"사피야. 금화 400개면 말이야. 저 앞에 보이는 집 세 채를 통째로 다 사고도 남을 돈이라고. 절대 중요하지 않은 건 아니지! 너와 스승님을 평생 호강시켜줄 수도 있어!"

"난 그런 호강 바라지 않아 아미르. 그런 큰돈 없어도 우리가 먹고사는 데에는 지장 없다고. 명예도 마찬가지야. 네가 처음 이 과제를 받았을 때의 마음을 다시 떠올려 봐. 고작 그런 상들을 얻으려고 이 과제를 받았던 건 아니었을 거잖아? 순수한 지적 호기심에 이끌려서 수락했던 걸 테고. 너는 이미 그에 대해 충분히 만족스러운 열매를 얻는 데 성공했어."

"… 아니. 난 솔직히 상을 노리고 과제를 받았던 건데."

"뭐?"

몇 초간 어색한 침묵이 이어졌다.

"아미르. 내가 지금 잘못 들은 거지? 방금 네 말이 진심이라면 나 너에게 조금 실망할 것 같아."

"아니 왜? 사피야. 나는 수학자야. 수학자가 수학 연구로 돈을 벌려는 게 잘못된 건 아니잖아?"

"수학을 해서 그 연구 성과로 돈을 버는 걸 말하는 게 아니야. 그건 오히려 그럴 수 있는 이 사회에 감사할 일인 거지. 하지만 아미르. 수학을 해서 돈을 버는 것과 돈을 벌기 위해서 수학을 하는 건 전혀 다른 얘기잖아?"

"…"

"돈을 버는 게 목적이었다면 수학자가 아니라 상인이 되는 게 맞아. 명예를 얻는 게 목적이었다면 수학자가 아니라 정치가가 되었어야지, 아미르. 네가 수학자가 된 이유는 그런 이유 때문이 아니잖아?"

"수학자라고 해서 그들과 다를 건 또 뭔데? 사피야. 수학자도 직업이야. 다른 직업들과 마찬가지로 돈을 벌고 먹고살기 위해서 수학을 연구하는 사람들이 바로 수학자라고. 때로는 멋진 이론을 발명해서 역사에 이름도 한 줄 떡하니 남기고 말이야!"

"…"

나를 보는 사피야의 두 눈이 흔들리고 있었다. 혹시 내가 너무 큰 소리로 몰아치듯이 말했나? 어딘가 겁을 먹은 듯한 사피야의 얼굴을 보니 괜히 미안한 마음도 들었다.

"저기… 사피야."

"아미르. 네가 진짜로 그런 마음인 줄을 진작 알았더라면 내가 먼저 너를 돕겠다고 나서는 일도 없었을 거야."

"… 어?"

"나 먼저 일어날게. 미안. 급히 생각할 게 좀 있어서. 이따 집에서 봐."

사피야는 자리에서 벌떡 일어났고, 난 그런 사피야를 붙잡으려 손을 뻗었다. 하지만 그 순간 오싹한 기운이 두 귀를 스쳤고 이내 아찔한 통증이 되어 머리부터 온몸으로 퍼져나갔다.

Ⅲ.

"그게 무슨 말입니까? 갑자기 멀리 여행을 떠났다니요!?"

"이거 읽어봐라. 책상 위에 놓고 갔더라."

야쿱 스승님께선 나에게 종이 한 장을 내미셨다. 설마…!

종이에는 사피야의 필체임이 확실한 글이 길게 쓰여 있었다. 나는 덜덜 떨리는 손으로 그 편지를 건네받아 애써 호흡을 고르고 침착히 글을 읽어 보았다.

선생님. 사피야예요.

상의도 없이 이렇게 갑자기 떠나게 되어 죄송합니다.

저는 먼 여행을 떠나려 해요. 그동안 선생님께서 절 과분히도 잘 보살펴주신 덕에 참 행복하고 즐거운 나날을 보냈지만, 시간이 흐르면 흐를수록 이곳이 제가 평생 머물 곳은 아니라는 생각이 들었어요. 아미르와는 달리 가정에 보탬도 되지 못하는 제가 더는 선생님께 신세를 끼쳐드리기도 죄송스러운 마음이었고요.

그동안 정말로 감사했습니다. 선생님께서 제게 베풀어주신 은혜, 평생 마음에 새기고 저 역시 선생님과 같이 세상에 선한 영향을 줄 수 있는 올바른 사람이 될게요.

아미르를 잘 부탁드려요. 고마웠다고 그리고 나중에 웃으며 꼭 다시 만나자고 전해주세요.

사피야가.

가슴이 덜컥 내려앉았다. 다리에 힘이 풀리며 그대로 바닥에 털썩 주저앉았다.

스승님이 내게 뭐라 뭐라 말씀하는데도, 아무런 말도 귀에 들어오지 않았다. 그저 쿵쿵거리는 심장 소리만이 온 세상을 가득 메울 뿐이었다.

IV.

"배고파 죽겠네. 아미르. 우리 그냥 눈 딱 감고 뭐라도 먹으면 안 될까?"

"알라께서 노하십니다. 세 시간 후면 마그립이니 좀만 더 참으세요."

"하아… 사피야는 참 시기적절하게도 떠난 거지. 으음? 혹시 걔 떠난 이유가 라마단[2]을 피하려고? 일부러!?"

"스승님!"

"아이 깜짝이야! 인마. 간 떨어질 뻔했잖아! 농담도 못 하냐? 자식이 이젠 아주 제 스승을 잡아먹으려 들어."

"그렇게 종일 툴툴거리실 거면 집에 계시지 말고 연구실로 좀 가세요. 왜 여기 계셔서 저까지 괴롭히십니까? 참…"

"누군 뭐 좋아서 여기 있는 줄 알아? 너 혼자 집에 있으면 또 지지리 궁상떨게 뻔하니까 일부러 같이 있어 주는 거 아냐. 고마워하지는 못할망정."

"어휴…"

사피야가 집을 떠난 지 벌써 3주일이란 시간이 흘렀다.

스승님은 암호해독법에 관한 우리의 연구 결과를 알마문 칼리파님과 모두의 앞에서 발표하여 무함마드 님이 약속했던 포상을 받으셨다.

---

2 라마단(رمضان)은 이슬람력의 아홉 번째 달로, 이달 동안은 매일 파즈르 때부터 마그립 때까지 약 12시간 동안 금식을 하는 것이 무슬림의 의무이다.

하지만 스승님은 이를 자신의 영리를 위해 쓰고 싶진 않다며 연구 지원금 명목하에 지혜의 집에 모두 기증하셨다. 그 덕에 지혜의 집에는 새로운 연구 부서가 설립되었으며 사람들은 앞다투어 야쿱 스승님을 의인이라 칭송하고 있다.

… 사피야는 지금쯤 어디에 있을까? 처음에는 당연히 신라로 떠났을 거로 생각했다. 하지만 내 생각과 달리 후나인 선배는 여성 혼자 그먼 거리를 간다는 건 사실상 불가능에 가깝다며 부정적인 견해를 보였다. 물론 사피야가 마음만 먹는다면 당연히 그런 불가능 따위는 가능으로 만들 수도 있겠지만, 떠나기 전에 아무런 전조도 없었다는 점. 하물며 나도 스승님도 모두 당황할 정도로 갑자기 떠났다는 점을 상기해 보면 사피야가 그 먼 신라까지 가는 계획을 세웠던 건 아니었으리라는 데에 무게가 실린다.

하지만 그렇다고 해서 달리 갈 만한 데가 딱히 있는 것도 아닐 텐데.

"아미르. 너 근데 지혜의 집에는 이제 영영 출근 안 할 생각이야?"

"..."

"사내자식이 언제까지 이러고 있으려고? 너 인마 이렇게 집구석에서 폐인처럼 지내는 걸 사피야가 알면 속이 아주…."

"아, 스승님. 제발요 좀!"

"아이 깜짝이야! 야! 내가 소리 지르지 말라고 했지! 애가 날이 갈수록 성격도 안 좋아지네. 나중에 어찌 되려고 저러나, 참."

"사피야 얘기는 하지 말아 달라고 몇 번이나 부탁드렸잖습니까?"

"야, 말마따나 너 이러고 있다고 해서 떠난 애 다시 안 돌아와. 사피야가 돌아오려다가도 지금의 널 보면 정떨어져서 다시 도망갈걸?"

나는 한숨을 길게 내쉬었다.

"… 모르겠습니다."

"엉?"

"확신이 없습니다. 제가 수학자 행세를 하는 게 맞는 일인지."

"갑자기 웬 뚱딴지 같은 소리야?"

"스승님. 스승님께서는 왜 수학을 하시는 겁니까?"

야쿱 스승님은 어이가 없다는 표정으로 날 보셨다.

"왜? 사피야가 떠나기 전에 너보고 수학 하지 말라고 얘기라도 했어? 엉? 설마 그런 거야?!"

"아니요. 그럴 리가 있겠습니까? 그런 건 아니고… 아무튼 대답해주십시오. 스승님."

"너 먹여 살리려고 한다. 왜? 인마, 내가 연구비라도 따박따박 안 타오면 넌 이러고 있지도 못해."

"그럼 돈이 목적이신 겁니까?"

"당연하지. 내가 어? 돈만 많았어 봐. 뭣 하러 맨날 지혜의 집까지 그 거리를 왔다 갔다 하고 책이랑 씨름하고 있겠냐? 맛있는 거나 실컷 먹고 너처럼 집에서 띵까띵까 하고 있겠지."

나는 피식 웃음이 나왔다. 괜히 진지하게 여쭈어 본 내가 우습기도 하고, 어찌 보면 참 스승님다운 답변이라는 생각에.

"그러면 혹시 스승님께서는 수학자가 되신 걸 후회 안 하십니까? 다른 일을 하셨으면 수입이 더 많았을 수도 있잖아요."

"불평이야 맨날 하지. 이젠 나이가 들어서 너처럼 머리도 빨리빨리 안 돌아가. 할 수만 있다면 하루라도 빨리 다 내려놓고 사피야처럼 어디 여행이나 멀리 좀 떠나고 싶다."

"… 그러시군요."

"그래도 너처럼 후회는 안 해."

"예?"

난 다시 고개를 들어 스승님을 보았다.

"내가 네 나이 때는 수학이 제일 재밌었거든. 세상 그 무엇보다도 말이야. 옛날로 돌아가서 나보고 다시 '무슨 직업 가질래?'라고 물으면 나는 분명 또다시 수학자의 길을 택했을 거야."

"만약 스승님이 엄청난 부자셨다면요? 평생 돈 안 벌어도 먹고 살 만큼."

"그러면 아마 집에다가 세상 모든 수학책을 싹 다 사놓고 박물관을 차렸겠지? 심심할 때마다 하나씩 꺼내서 공부도 하고. 으흐흐."

"에이. 방금은 뭐 일 그만두고 어디 여행이라도 가고 싶으시다면서."

"짜식이 농담으로 한 소리를 진담으로 받네."

"?"

"흐흐. 뭐. 굳이 말하자면 하기 싫은 일, 주위의 시선과 부담감, 언제까지 뭘 꼭 해서 내야 한다는 생각 싹 다 걷어내고 한가롭게 맘 편히 수학 연구나 하면서 지내는 게 나한텐 최고의 낭만이자 여행이겠지. 그런데 어떻게 사람이 그렇게 하고 싶은 일만 골라서 하냐? 세상에 그렇게 살 수 있는 사람은 단 하나도 없어. 저 높으신 칼리파님이나 무함마드 관장님도 다 하기 싫은 일 참아가면서 사는 분들이야. 네가 모를 뿐이지."

스승님께서는 씩 미소를 지어 보이고선 바닥에 손가락을 몇 번 툭툭 튕기다 말을 다시 이었다.

"아미르. 너 근데 아까부터 자꾸 돈, 돈 하는데, 네 스승으로서 하는 얘기다만, 혹시라도 돈을 좇는 삶을 살지는 마라."

"네? 왜요?"

"돈은 행동의 결과여야지 목적이어서는 안 돼. 내가 너보다 오래 살아보고 깨달은 거야. 돈을 좇는 삶을 살면 그 순간부터 인생은 불행해진다. 그러니까 네가 생각해 봤을 때 정말로 하고 싶고, 또 했을 때 즐겁고 보람될 일을 하도록 해. 그게 너한테 좀 돈이 안 되는 일이라도 그래야지 네 삶이 진짜로 행복해져."

"… 그럴만한 일이 무엇인지 잘 안 떠오르면요?"

"으흐흐, 글쎄? 뭐 나야 이미 수학이랑은 떼려야 뗄 수 없는 사이가 됐지만. 네가 생각해 봐도 수학 참 괜찮지 않나? 봐봐. 일단은 우리 인류의 지성 끝을 책임지고 개척해간다는 그 낭만이 있잖아! 그리고 파도 파도 계속해서 또 새로운 세계가 열리니까 죽을 때까지 해도 안 질리지. 다른 학문처럼 모호한 구석도 없고 매번 논리가 명쾌하게 떨어지기까지 해. 이 얼마나 아름답냐?"

한쪽 눈썹을 치켜올려 가며 열변을 토하는 스승님의 모습을 보고서 나도 모르게 피식 웃음이 나왔다. 내 웃음에 스승님도 조금 겸연쩍어하셨다.

"… 뭐. 물론 어렵지. 그 모든 장점을 누를 만큼 어려운 학문이란 게 수학의 단점이라 해야겠지. 그런데 어려운 만큼 또 아무나 못 한다는 의미이니까, 바꿔 생각하면 그만큼 더 사명감도 느껴지잖냐?"

스승님께서는 다시 날 보고 씩 웃으시더니 자리에서 일어나 내 어깨를 토닥이셨다.

"너 정도로 수학에 재능 있는 놈이 이렇게 풀이 죽어서 재능을 썩히고 있는 건 죄야. 이야말로 알라께서 노발대발하실 일이지. 얼른 털고 일어나 일상으로 복귀해, 인마."

이 말을 끝으로 스승님은 뒤돌아 위층으로 걸어 올라가셨다. 난 한동안 계단을 멍하니 바라보며 생각에 잠겼다. 그러다 문득 계단 옆에 있는 탁자, 그 위에 올려진 책 한 권이 눈에 들어왔다. 사피야가 떠나기 전에 내게 주었던 그 책이다.

나는
수학자다

I.

"뭐야. 이제 돈 많이 벌었다고 책 번역은 안 하는 거?"

"아, 시난 선배님."

"하긴. 야쿱 알킨디 님께서 아무리 의인이셔도 설마 그 많은 돈을 전부 기증하시진 않았겠지."

시난 선배는 내 책상 귀퉁이에 걸터앉으며 말했다. 나는 오랜만에 지혜의 집 연구실에 나와서 공부하는 중이다.

"아닙니다. 스승님께서는 진짜로 전액 다 기부하셨어요. 저한테도 땡전 한 푼 안 주셨는데요, 뭘."

"에이 정말? 거짓말하지 말고 말해봐. 너는 어느 정도 받았어?"

"제가 받은 게 있다면 평생 알라의 벌을 달게 받겠습니다."

"헉, 진짜? 그리 말하는 거면 진짜인가 보네? 허."

나는 피식 웃었다.

"그런데 보고 있던 책은 뭐야? 혹시 뭐 또 다른 연구주제라도 잡은 거야?"

"아뇨. 그냥 공부하는 겁니다."

나는 책을 덮어서 선배에게 표지를 보여주었다.

"구… 장… 산술? 이건 뭐야? 당나라 쪽 책인가?"

나는 다시 보고 있었던 부분을 펼쳐 책상 위에 놓았다. 시난 선배는 주위를 한 번 쓱 보더니 내 쪽으로 고개를 숙이고서 은밀한 목소리로 말했다.

"야. 아미르. 미리 부탁하는 건데, 혹시 나중에 또 과제 받을 일 있거나 연구할 게 생기거든 나도 좀 끼워줘. 네가 시키는 거면 뭐든지 다 할게. 허드렛일이라도. 응? 알았지?"

"어휴. 저야 감사하죠. 선배님께서도 혹시 제가 도울 일 있으면 언제든지 말씀해 주십쇼."

"알았어. 크크. 약속한 거다? 다른 사람들한텐 비밀이고."

나는 딱히 긍정도 부정도 아닌 의미를 담아 씩 웃었다. 그걸 긍정의 의미로 받아들였는지 선배의 입꼬리 역시 따라 올라갔다.

"그럼 하던 공부 마저 해. 아미르."

"예. 선배님도요."

시난 선배가 자리를 떠나자마자 나는 다시 보고 있던 책으로 시선을 돌렸다.

지금 내가 공부하고 있던 건 구장산술의 소광장이다. 주로 도형의 넓이 또는 부피를 구하는 문제와 그 반대로 넓이와 부피로부터 변의 길이 또는 원의 지름 등을 구하는 문제들이 서술되어 있다.

얼핏 새로울 내용이 없을 듯하지만, 문제 풀이 위주의 참신한 책 구성과 그 풀이법의 독특함은 자꾸만 내 눈을 끄는 매력이 있었다.

사피야는 이런 걸 원했던 걸까? 내게 수학의 즐거움을 다시 느끼게 해주려고?

네 변이 동서남북을 향한 정사각형 모양의 성이 있다. 이 성 각 벽의 중앙에는 문이 있는데, 북문을 나서서 북쪽으로 20보를 걸으면 나무 한 그루가 있다. 그리고 남문을 나서서 남쪽으로 14보를 나아간 곳으로부터 직각으로 꺾어 서쪽으로 1,775보를 가면 비로소 그 나무가 보인다. 이때 성벽 한 변의 길이는 몇이겠는가?

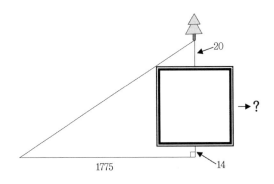

구해야 할 성벽 한 변의 길이를 ش(쉰)[1]이라 하고, 닮음비를 이용해서

---

1 알콰리즈미는 '어떤 것'을 의미하는 아랍어 شيء로 미지수를 표현했고, 이슬람 수학자들은 이로부터 이 단어의 앞글자인 ش을 미지수 기호로 사용하곤 했다.

비례식으로 풀면 쉽게 풀릴 문제다.[2] 즉, 위에 보이는 작은 삼각형과 바깥의 큰 삼각형에 대해 다음과 같이 비례식을 전개한다.

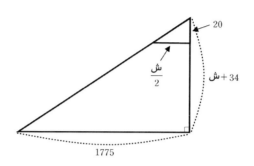

$$20 : ش + 34 = \frac{ش}{2} : 1775$$
$$\Rightarrow 20 \times 1775 = (ش + 34) \times \frac{ش}{2}$$
$$\Rightarrow 71000 = (ش + 34) \times ش$$
$$\Rightarrow 71000 = ش^2 + 34\,ش$$

무함마드 알콰리즈미 님의 저서인 『이항과 소거에 의한 계산 개론』[3]에는 $71000 = ش^2 + 34ش$ 같은 식을 풀이할 수 있는 좋은 방법이 서술되어 있는데, 예를 들어 다음과 같은 분할된 정사각형을 그려서 풀이하는 방법을 꼽을 수 있다.

---

2   132쪽 참고.

3   이 책의 제목은 라틴어로 'Kitab Al-mukhasar fi hisab Al-jabra wa'l muqabala'인데, 오늘날 '대수학'을 의미하는 Algebra란 용어는 바로 이 책 제목의 Al-jabra에서 유래하였다.

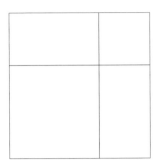

오른쪽 위 끝의 작은 정사각형 한 변의 길이는 구해야 하는 값인 ش(쉰)으로, 왼쪽 아래 끝의 정사각형 한 변의 길이는 34의 절반인 17로 정해준다. 그러면 바깥의 큰 정사각형의 면적은 $(ش+17)^2$이다.

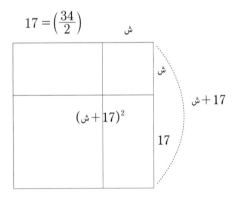

이제 안쪽에 있는 네 사각형의 면적도 각각 구해준다.

17	ش	
$ش \times 17$	$ش^2$	ش
$289(=17^2)$	$ش \times 17$	

안쪽 네 사각형 면적 총합은 다음과 같다.

$$ش^2 + 2(ش \times 17) + 289$$
$$= ش^2 + 34ش + 289$$

이 식의 형태에 맞추어 비례식으로부터 유도했던 식의 양변에 289를 더해준다.

$$\boxed{71000 = ش^2 + 34ش}$$
$$\Rightarrow 71289 = ش^2 + 34ش + 289$$

따라서 네 사각형의 면적 총합은 아까 구했던 바깥에 있는 큰 정사각형 면적과 같으므로 다음 식이 성립한다.

$$71289 = (ش + 17)^2$$
$$\Rightarrow 267 = ش + 17$$
$$\Rightarrow 250 = ش$$

답을 구한 뒤 책에서 답을 확인해 보았다. 어쩌면 당연하게도 책에는 내가 쓴 풀이법과 다른 방식의 풀이법이 적혀 있었지만, 어쨌든 250이라는 결과는 같았다.

별거 아닌 문제지만, 답을 맞혔다는 묘한 쾌감에 내가 답을 맞혔다라는 표식을 책 문항에 해두고 싶다는 생각이 들었다. 펜을 들어 어떻게 표식을 남길지를 고민하던 나는 문득 책장 아래에 살짝 삐져나온 종이를 발견했다.

'뭐지?'

책장을 넘겨보았다. 그리고 순간 나는 소리를 지를 뻔했다. 사피야의 필체가 분명한 글이 빼곡히 적힌 쪽지 여러 장이 책에 끼워져 있는 게 아닌가!

무함마드 이븐 무사 알콰리즈미가 저술한 『이항과 소거에 의한 계산 개론』에는 이와 같은 이차방정식의 해법을 다음과 같이 다섯 가지 경우로 세분하여 제시하고 있다.

① 제곱이 근과 같은 경우. 즉, $ax^2 = bx$

② 제곱이 숫자와 같은 경우. 즉, $ax^2 = c$

③ 제곱과 근의 합이 숫자와 같은 경우. 즉, $ax^2 + bx = c$

④ 제곱과 숫자의 합이 근과 같은 경우. 즉, $ax^2 + c = bx$

⑤ 근과 숫자의 합이 제곱과 같은 경우. 즉, $bx + c = ax^2$

이러한 접근법은 분명 새롭고 재미있다. 하지만 이차방정식의 근의 공식이 알려진 시점에서는 비효율적인 방법일 것이다. 다음 페이지에 복습 삼아서 이차방정식의 근의 공식을 유도해 보겠다.

사피야가 대체 뭘 적은 거지? 도통 알 수 없는 새로운 기호와 단어들이 나열되어 있었다. 낯선 기호와 용어 때문에 눈으로 글을 읽고는 있지만, 내용은 이해가 되지 않는다. 이차방정식? 근의 공식? 다음 페이지? 무함마드 님의 이론이 비효율적이라고?! 그리고 a, x, b, c 같은 기호는 대체 어디서 가져온 것들인지…

이어서 다음 쪽지도 보았다. 반듯한 글씨로 수식이 길게 나열되어 있었다.

$$ax^2 + bx + c = 0 \ (x\text{는 미지수 } a, b, c \text{는 상수})$$
$$\Rightarrow a\left(x^2 + \frac{b}{a}x\right) = -c$$
$$\Rightarrow a\left(x^2 + \frac{b}{a}x + \frac{b^2}{4a^2} - \frac{b^2}{4a^2}\right) = -c$$
$$\Rightarrow a\left(x^2 + \frac{b}{a}x + \frac{b^2}{4a^2}\right) = \frac{b^2}{4a} - c$$
$$\Rightarrow a\left(x + \frac{b}{2a}\right)^2 = \frac{b^2 - 4ac}{4a}$$
$$\Rightarrow \left(x + \frac{b}{2a}\right)^2 = \frac{b^2 - 4ac}{4a^2}$$
$$\Rightarrow x + \frac{b}{2a} = \pm\sqrt{\frac{b^2 - 4ac}{4a^2}}$$
$$\Rightarrow x = -\frac{b}{2a} \pm \frac{\sqrt{b^2 - 4ac}}{2a}$$
$$\therefore \ x = \frac{-b \pm \sqrt{b^2 - 4ac}}{2a}$$

'이, 이것은…?'

마지막 식을 본 순간, 그동안 내 머릿속 어딘가에 숨어서 잠자고 있던 수많은 기억이 한꺼번에 터져 나왔다.

II.

마음이 조금 진정되고 나니 눈앞에 보이는 모든 것이 새삼 낯설다. 마치 내가 이런 현상을 처음 겪었던 그때처럼.

물론 그때와는 달리 현실 감각이 혼란스럽다거나 하지는 않다. 이미 여러 번 겪었던 일인 만큼 이제는 이런 상황에도 꽤 익숙해졌나 보다.

… 서연이는 이걸 의도했었던 거였구나. 내가 기억을 되찾을 수 있도록. 그리고 자신이 기억을 되찾았음을 내게 알려주기 위해서.

그냥 그때 내게 직접 말을 해줄 것이지. 아… 그랬다간 혹시 '그 녀석'이 나타나서 우릴 죽이려 들었으려나?

잠깐! 그렇다는 건 설마 서연이도 그 녀석의 존재를 알고 있다는 얘기가?! 그런 가능성까진 미처 생각하지 못했다. 만약에 그런 거였다면 이건 역시 서연이다운 현명한 처사였다고 볼 수밖에. 다만 이 책을 너무 늦게 읽어버린 내가 못난 놈인 거고…

그러고 보니 서연이가 그때 내게 줬던 책은 한 권이 아니었는데? 구장산술의 소광장뿐 아니라 방정장도 함께 줬지. 왜 굳이 책을 두 권이나 주었던 걸까?

혹시 방정장에 또 다른 쪽지를 끼워놨다든지!?

생각이 여기에 미친 나는 본능적으로 달렸다. 연구실 내 자리로 돌아와 곧장 구장산술 방정장을 들어 펼쳐 보았다. 꼼꼼히 책장을 뒤져 보니 역시나! 서연이가 끼워 넣은 쪽지 몇 장을 더 찾아낼 수 있었다.

한차례 심호흡을 하고서 난 차분히 쪽지의 내용을 읽어 보았다.

이 대목에서 휘가 빨간 산대[4]로 표현한 '정'은 곧 양수이고 검은 산대로 표현한 '부'는 곧 음수이다. 즉, 3번 문제에서 휘는 작은 수에서 큰 수를 빼서 결과가 음수로 나온 상황을, 4번 문제에서는 손실을 표현했음을 알 수 있다.

이는 알콰리즈미가 그의 저서 『이항과 소거에 의한 계산 개론』에서 음수의 도입을 철저히 피했던 모습과 대비된다. 알콰리즈미는 해당 책에서 방정식 각 항의 계수가 항상 양수가 되도록 일부러 작은 수에서 큰 수를 빼는 상황을 애써 피했기 때문이다.

물론 알콰리즈미만이 음수를 받아들이지 않았던 건 아니다. 디오판토스 또한 그의 저서 『산법』에서 음수를 방정식의 해로 인식하지 못한 채 '엉터리 수'라 취급하였다.

동양에서는 일찌감치 받아들여졌던 음수가 서양에서는 언제 어떻게

---

4 산대 또는 산가지는 나무로 만든 막대를 일정한 방법으로 늘어놓아 숫자를 계산하거나 표시한 도구이다. 중국에서 비롯되었으며 삼국시대에 우리나라에도 유입되어 상용되었다.

받아들이게 될지 앞으로 관심 두고 계속 지켜보아야겠다. 역시 수학은 <u>과거와 현재 그리고 미래를 이어주는 너무나도 신비로운 학문이다.</u>

생각해 보니 그렇다! 그동안 무함마드 님의 책을 여러 권 공부했었지만 단 한 번도 음수를 본 적은 없었다. 서연이가 써놓은 것처럼 디오판토스의 책들뿐만 아니라 다른 그리스, 로마 서적들에서도!

놀랍다. 나도 잠시 잊고 있었지만, 그 많은 수학자가 놓치고 있던 음수. 정말로 동양의 오래된 이 책에는 그 음수가 쓰였다는 얘긴가? 그런데 마지막 문장에는 왜 밑줄을 그어놓은 거지?

난 서연이가 끼워 넣은 쪽지를 빼고서 해당 쪽의 책 내용을 훑어보았다.

현재 두 종류 산대의 득과 실이 상반되어 있으므로 이를 각각 정표과 부負라 이름 짓자. 정은 빨간 산대로, 부는 검은 산대로 각각 표현할 것이다. 또는 산대를 바로 세운 것을 정, 옆으로 비스듬히 누인 것을 부로 표현하기도 할 것이다.

정과 부는 방정술을 함에 있어 서로 반대인 것을 나타내는 데 사용될 뿐 아니라 방정식의 계수를 표현할 때도 계속 사용될 것이다.

책에 쓰인 '방정술'이란 게 지금은 무엇인지 알 수 없지만, 서연이가 쪽지에 쓴 대로 양수와 음수의 개념이 명확히 구분되어 쓰였다는 사실은 확실한 것 같다.

이차방정식의 근의 공식도 그렇고 음수의 존재도 그렇고. 지금 이 시대, 이곳에는 모두 없는 수학 개념들이다. … 잠깐만, 그럼 만약에 내가 이 내용을 세상에 발표하기라도 한다면 어떻게 되는 거야?!

가슴이 두근거린다. 물론 서연이는 반대할 테지. 내가 훗일을 감당할 수 없을 거라면서. 실제로 얼마 전에 암호 해독법을 스승님이 발표하신 이후로 많은 사람이 스승님을 칭송했지만, 바누 무사 형제들을 비롯한 몇몇은 스승님을 더욱더 곱지 않은 시선으로 보는 분위기를 읽을 수 있었다. 지혜의 집에서 무함마드 님 다음가는 사람이라고 볼 수 있는 스승님을 향해서도 그리 대놓고 적개심을 드러낼 정도니, 만약에 내가 발표를 했었더라면 서연이 말마따나 무척 견디기 힘든 상황이 이어졌을 수도 있다.

하지만 수학자로서 이런 놀라운 이론들을 알게 된 이상 발표하지 않고 그냥 묻어두는 것도 옳은 일은 아니잖은가? 세상에 발표하면 인류의 수학 발전이 몇백 년은 더 앞당겨질지도 모를 일인데!?

머리가 복잡하다. 서연아. 이제 그만 돌아와서 다시 내 앞에 나타나 줘. 지금 너에게 묻고 싶은 것도, 하고 싶은 말도 정말 너무나 많아.

Ⅲ.

"스승님. 여쭙고 싶은 게 있습니다."

야쿱 스승님은 책을 읽고 계시던 자세 그대로 눈만 위로 치켜떠서 날 보셨다.

"만약에 발표하면 세상을 변화시킬 수도 있지만, 동시에 자기 신변은 위험해질 수도 있는 이론이 있다면 스승님께서는 발표하실 겁니까? 아니면 묻어두실 겁니까?"

"무슨 질문이야 그게? 갑자기."

"… 막상 행동에 옮기려니까 마음이 복잡해서 그럽니다."

나도 모르게 긴 한숨을 내쉬었다. 내용 정리는 끝났고 검토도 마쳤다. 이제 내일 회의 시간에 발표할 일만을 앞두고 있다. 지혜의 집 관장이신 무함마드 님의 대표 명저로 꼽히는 『이항과 소거에 의한 계산 개론』의 한계점들과 비효율성을 꼬집어서 어쩌면, 아니 확실하게 무함마드 님을 비롯해 많은 연구원으로부터 공격받게 될 이 내용을.

"너 요즘 뭔가 열심히 쓰더니만. 뭐, 새로운 이론 발표라도 하려고?"

"네. 그런데 막상 코앞에 닥치니 망설여지네요."

"무슨 내용인데 그래? 가져와 봐. 어디."

"못 보여드릴 건 아니지만, 일단은 무엇이 옳은 행동인지부터 좀 알려주십쇼."

"하여튼 넌 이상한 놈이야. 다른 애들처럼 좀 평범한 질문 좀 하면 덧나냐? 갑자기 신변이 어쩌고 뭐 세상이 어쩌고. 쯧."

"아하하…"

스승님께서는 허리를 펴고서 의자 등받이에 푹 기대셨다.

"뭐 얼마나 대단한 이론을 발표하려는 건진 모르겠는데, 위험할 거 같으면 하지 마. 그런 걸 왜 하려 그래? 지난달에 발표한 것도 여태 시끌시끌한데 또 돌을 던진다고? 네 보호자로서 일단 나는 반대."

"의외네요? 스승님께서는 발표하라고 하실 줄 알았는데."

"너는 내가 하지 말래도 할 녀석이니까 해본 말이야. 인마. 아무렴 네 성격에 그런 이론을 곁에 두고서 입이 근질근질해서 참을 수나 있겠어?"

피식 웃음이 나왔다. 그거야 그렇지.

"그래서 뭔데 그 내용이?"

"솔직히 말씀드리자면 무함마드 님의 업적을 헐뜯는 내용이 다수 포함된 내용입니다."

순간 방 안에는 침묵이 깔렸다.

"확실한 거야?"

"예."

"… 가지고 와봐."

난 작성한 논문을 들고 스승님께로 가서 건네드렸다. 스승님은 왼손으로 턱을 만지작거리며 한참 동안 아무런 말 없이 논문을 앞뒤로 넘겨가며 집중해서 읽으셨다.

Ⅳ.

지금 난 야쿱 스승님을 따라서 무함마드 관장님을 뵈러 가는 길이다. 오전 중에 스승님이 먼저 무함마드 님을 만나고 오셨고, 무함마드 님이 나와 직접 만나 얘기하길 원하신다는 이야기를 전해주셨다.

의외로 긴장은 되지 않는다. 비록 지금 시대에는 낯설고 어색한 내용이지만, 먼 미래에는 확실하게 쓰이는 개념들이니만큼 어떤 질문이나 반론이 나온다 해도 대답할 자신이 있기 때문이다.

"무함마드 님. 저희 왔습니다."

무함마드 님의 연구실에 도착하자 스승님은 문을 두드리며 우리의 방문을 알렸다.

"아! 어서 들어오게."

우리는 문을 열고 안으로 들어갔다. 햇살이 환하게 연구실 안을 밝히고 있었다.

"여기에 앉지."

무함마드 님은 밝은 표정으로 우릴 맞이하여 방 가운데 위치한 탁자로 우릴 안내했다. 나와 스승님이 나란히, 그리고 무함마드 님은 우리의 건너편에 앉았다.

"야쿱에게 들었네. 아미르. 자네가 또 새로운 수학 이론을 써냈다고? 정말 대단해. 허허. 쓴 거도 갖고 왔지?"

"예. 여기 있습니다."

가방에서 논문을 꺼내어 드렸다. 무함마드 님은 한번 씨익 웃고는 논문을 받아 탁자 위에 놓고서 한 장 한 장 읽기 시작하셨다.

과연 어떤 반응을 보이실까? 스승님은 내게 걱정하지 말라며, 무함마드 님은 새 이론에 항상 열려 있는 마음 넓은 학자라고 하셨다. 하지만 과거에 자신을 '지혜를 사랑하는 자'라 칭하던 피타고라스가 자신에게 반하는 이론을 마주했을 때 어떻게 돌변했는지를 내 두 눈으로 똑똑히 보았었기에, 나는 충분히 무함마드 님도 공격적으로 반응할 수 있을 거로 생각한다. 스승님은 만약에 그런 불미스러운 일이 발생한다면 본인이 책임지고 날 보호해주겠노라 약속하셨지만.

"이거 아주 흥미롭구먼. 재미있어."

빠르게 내용을 훑던 무함마드 님의 첫마디였다. 놀란 나는 스승님을 보았다. 스승님은 거보라는 듯한 표정을 지었다.

무함마드 님은 아예 논문을 손에 들고서 의자에 등을 기대앉아 찬찬히 정독하기 시작했다. 그리고 한참의 시간이 지나 다시 입을 여셨다.

"음수… 라?"

"네. 이미 동방에서는 쓰인 지 꽤 오래된 개념입니다. 위나라의 유휘가 쓴 구장산술 주에도 그에 대해 참고할 만한 이론이 정립되어 있고요."

무함마드 님은 시선을 여전히 논문에 둔 채 나의 말을 받으셨다.

"좋아. 다 좋은데 말이야…. 동방에서 쓰인다고 해서 우리가 그에 꼭 따라야 하나?"

"네?"

"왜 그리스와 이집트 그리고 로마의 수많은 현인께선 이 개념을 안

쓰셨겠나? 바로 형식적으로 논할 수는 있어도 결국 그 실체가 없기 때문이야."

"실체가 없다고요?"

무함마드 님은 옆에 있는 펜 꽂이에서 펜 두 개를 꺼내서 탁자 위에 나란히 놓으셨다.

"자. 펜이 몇 개 있지?"

"2개입니다."

무함마드 님은 오른쪽 펜을 다시 통에 꽂고서 물으셨다.

"이제는 몇 갠가?"

"1개요."

남은 하나까지 통에 꽂으시며 물었다.

"지금은?"

"0개… 입니다."

무함마드 님은 내게 양손을 들고 어깨를 으쓱해 보이셨다.

"그럼 자네가 말하는 '마이너스 1'개란 건 뭔가?"

"… 예?"

"자네도 알다시피 0이란 아무것도 없는 상태야. 아무것도 없는 데서 무엇을 더 덜어낼 수 있어? 자네가 쓴 음수라는 개념은 결국 이처럼 현실에선 존재할 수도 없고, 우리 눈에 보이지도 않네. 태생부터 모순적인 개념이란 말이지."

순간 난 무함마드 님의 말에 반박할 적당한 논리가 떠오르지 않았다. 얼굴이 화끈거렸다.

"이차방정식과 근의 공식. 이 내용에 대해서는 나도 좀 더 고민해볼 필요가 있는 것 같긴 해. 하지만 자네가 여기 비효율적이라고 지적해 놓은 이차식의 다섯 분류에 대해서는 아냐."

"예? 그건 또 무슨 말씀이십니까?"

"내가 왜 식을 다섯 가지 경우로 나누었겠나? 실존하지 않는 그 음수란 개념을 쓰지 않기 위해서야. 여기에 자네가 예시로 적어놓은 $x^2+2x-3=0$은 사실 $x^2+2x=3$과 같은 거 아닌가? $x^2-2x=0$은 $x^2=2x$와 같고 말이야."

"그건 그렇지만… 그렇다면 더 고민해 보시겠다는 건…?"

"이차식의 다섯 가지 경우에 대한 통합적인 해법을 고민해 보겠다는 거지. 자네가 쓴 이 근의 공식이라는 개념처럼 현실적으로 응용할 수 있게 좀 더 다듬을 수 있는지를."

갈수록 심란하다. 마치 첫 단추가 어긋난 것처럼. 애초에 의도했던 그림과는 전혀 다른 전개가 이어지고 있다.

"그런데 말이야. 자네. 기호 사용이 너무 많은 거 아닌가?"

"네?"

"혼자서 볼 거라면 뭐 상관 안 하겠다만. 다른 사람들도 볼 수 있는 이런 문서에는 수학 기호의 사용을 최대한 자제하라고 내가 분명히 얘기했을 텐데? 허허. 설마 내 지침에 반항하겠다는 의미인가?"

"아아! 그것은 저기… 아무래도 기호를 써야지 같은 내용일지라도 더 압축해서 쓸 수가 있으니까요."

"그럼 그 기호를 읽을 줄 모르는 사람들은 어쩌고? 아예 보지 말란

소리고?"

난 또다시 말문이 막혔다.

"우리 지혜의 집에서 출간하는 서적들은 우리 같은 학자들만 보는 게 아니잖나 이 친구야. 수학에 문외한인 일반인들도 많이 본다고. 그런 일반인들한테 자네가 쓴 이것처럼 온갖 생소한 수학 기호들로 가득한 책을 내밀면 어떻게 되겠어? 수학에 대한 그들의 반감만 더 커지겠지. 안 그래?"

반박할 논리도 딱히 떠오르지 않고, 언제부턴가 나는 고개를 반쯤 숙이고서 그저 무함마드 님의 꾸중과도 같은 설교를 가만히 듣기만 하였다.

"이렇게 읽는 이를 배려하지 않고 학자가 자기 편한 대로만 글을 쓰면 자기 지식 자랑밖에 더 되는 줄 아나? 사람들은 자네를 '나 이런 거 안다. 너네는 모르는 걸 아는 나는 이만큼 대단한 사람이다!'라며 떠드는 잡배로 기억할 거라고. 자네의 마음에 실제로 그런 허영심이 있었는지 아닌지는 들여다보지도 않고 말이지. 물론 나는 자네의 그 열정을 아주 높이 생각해. 하지만 앞으로는 좀 더 신경 썼으면 좋겠어. 학문이 대중의 반감을 일으키지 않고 널리 퍼져야지 비로소 자네 같은 수학자도 활개 칠 수 있는 무대가 넓어지는 거야. 내 말, 무슨 말인지 알겠지?"

정신이 공중으로 붕 떠올라 산산이 부서지는 느낌이다. 온몸이 발가 벗겨지는 기분이란 게 바로 이런 걸까.

무함마드 님이 애써 돌려 말씀하고 계시지만, 그저 남들이 모르는 지식 조금 알아냈다고 들떠서는 으스대고 자랑하기 바빴던 내 민낯이

120

선명하게 떠오른다. 하물며 그 이론들은 내가 만든 것도 아니고, 그저 다른 앞선 수학자들이 공들여서 만든 걸 습득한 거에 지나지 않는 것을….

들으면 들을수록 부끄러워지는 무함마드 님의 훈화는 그 후로도 한참을 더 이어졌다.

V.

"저 갑니다 스승님."

"에휴… 먹여주고 가르치고 키워주면 뭐 하나. 이렇게 다 떠나버리는데."

"아이 참, 스승님! 완전히 떠나는 게 아니라 나중에 다시 돌아올 거라 말씀드렸잖습니까? 사피야 찾아서 데리고 올 거라고요."

물론 이 말은 거짓말이 될 가능성이 크다. 서연이를 데려오는 건 고사하고 찾을 수 있을지조차 불확실하니 말이다. 어쩌면 이대로 스승님과 영영 작별하는 것일 수도 있다.

그렇게 생각하니 잔뜩 삐져서 뒤돌아 앉으신 스승님의 둥글둥글한 뒷모습이 왠지 아련하게 다가온다.

"스승님! 항상 건강히 지내십시오! 밥 잘 챙겨 드시고요. 날림 신앙이신 거 다른 분들에게 들키지 않도록 늘 조심하시고요! 하하."

나는 일부러 장난스럽게 인사를 건넸다. 하지만 스승님께서는 아무런 대답도 하지 않으셨다. 그래, 아쉽기는 하지만 차라리 이런 무덤덤한 이별이 더 나으려나.

집 밖으로 나온 나는 후나인 선배에게서 받은 지도를 꺼내 펼쳤다. 일전에 서연이에게 가르쳐주었다는 경로를 그대로 옮겨놓은 지도다.

마지막으로 발걸음을 옮기기 전 뒤돌아 그동안 정들었던, 어쩌면 다시는 오지 못할 집을 한 번 더 바라보았다. 날씨가 맑았으면 참 좋았을 텐데 우중충하게 구름이 낀 뒷배경이 영 맘에 들지 않는다. 뭐, 그런 게 중요한 것이겠냐마는.

그동안 감사했습니다. 덕분에 많이 성장해서 갑니다. 야쿱 이븐 이스하끄 알킨디 님이시여. 평화가 앞으로도 늘 당신에게 있기를. 그리고 알라의 자비와 축복이 언제나 함께하시기를.

VI.

아침에 격렬한 고통에 시달리며 잠을 깨서 그런지, 아니면 오늘따라 낙타 냄새가 더 고약해서 그런 건지 머리가 지끈지끈하다. 그래도 조금만 더 가면 항구에 도착한다는 생각에 아침도 거르고 부지런히 낙타를 보채는 중이다.

항구에서 서연이의 행방을 수소문해 보면 그녀가 신라로 떠났는지 아니면 아직 이 나라 어딘가에 있는지 알 수 있을 것이다. 여자 혼자 그 먼 곳으로 가는 선박에 올랐다면 항구에 소문이 퍼지지 않았을 리 없으니 말이다.

"아이고 녀석아. 침 좀 그만 뱉어. 아주 정신 사나워 죽겠다."

내가 탄 낙타는 아침부터 나의 짜증을 받아냈던 탓에 심술이 난 건지 입을 질겅거리는 와중에도 평소보다 더 자주 바닥에 침을 뱉어댔다.

그렇게 순간순간 찢어지는 듯한 두통과 심술 난 낙타의 꿀렁거림을 참고 견디다 보니 어느새 저 멀리에 항구가 보이기 시작했다. 아미르로서의 삶에서 바다에는 처음 와 보는데, 탁 트인 푸른 빛이 두통도 날려 버릴 듯이 시원해 보였다.

부둣가에는 저마다 다양한 색과 크기를 가진 수십 척의 배가 장관을 이루고 있었다. 전 세계의 상인들이 왕래하는 문화 중심지로서 아바스 칼리파국의 위엄이 물씬 느껴지는 광경이다.

"저기, 말씀 좀 여쭙겠습니다. 혹시 신라로 가는 배는 어디 있는지 아십니까?"

삼삼오오 모여 있는 무리 가운데 한 무리로 다가가서 질문을 던졌다.

"신라? 우리는 스리위자야[5]까지만 왕래하는 사람들인데. 아, 저기 저분이 그쪽으로 가는 선박 항해사시니 가서 물어보십시오."

무리의 사내가 저 멀리 앉아 있는 한 남성을 가리켰다. 살와르 카미

---

5 스리위자야(Sriwijaya)는 말레이 지역에서 강력한 제해권으로 이슬람 제국과 인도 및 중국을 잇는 중계무역지 역할을 한 도시 국가이다.

즈[6]를 입고 수염이 얼굴의 절반을 덮은 사내였다.

사내에게 다가가 웃는 얼굴로 인사를 건넸다.

"평화가 당신에게 있기를. 혹시 신라 가는 배에 대해서 여쭈어 봐도 되겠습니까?"

"당신에게도 평화가. 나는 승선에 대해서는 권한이 없소만?"

"그런 게 아니라, 혹시 최근 몇 주 사이에 혼자서 신라로 가는 배에 오른 여성이 있었는지 아시는지요?"

"… 그게 무슨 소리요? 최근 몇 주가 아니라 내가 일한 근 20년 동안에 그런 승객이 있었다는 말은 금시초문인데."

"네? 확실한 겁니까?"

"허허허. 그쪽이야말로 본인이 하는 질문이 얼마나 허무맹랑한 소린 줄 모르시는 것 같구려. 아무튼, 나는 못 봤소."

사내는 귀찮다는 듯 시선을 옆으로 돌렸다.

예상 못했던 건 아니지만, 막상 그 답을 듣고 나니 맥이 빠진다. 다른 사람들한테라도 더 수소문해 보는 게 좋을까.

그 이후로도 나는 신라행 배에 연관된 이를 세 명 더 만나 서연이의 행방을 물었다. 하지만 처음 그 사내처럼 하나같이 나를 이상한 사람으로 취급할 뿐이었다. 그리고 보니 부둣가에 보이는 수많은 사람 가운데

---

6 살와르 카미즈(Shalwar kameez)는 남아시아와 중앙아시아의 전통 의상으로, 살와르는 허리가 넓고 밑단이 좁은 게 특징인 바지이며 카미즈는 곧고 평평한 모양의 긴 셔츠 또는 튜닉을 말한다.

여성은 극히 드물었다. 그나마 보이는 몇몇도 혼자가 아닌, 다들 일행을 동반한 사람들뿐이었다.

부둣가에서 조금 떨어진 곳으로 나와 낙타를 등받이 삼아 자리를 잡고 앉은 나는 어느덧 석양이 드리우기 시작한 해변을 멍하니 바라보았다. 이럴 줄 알았으면 라일라툴 카드르[7]였던 어젯밤에 소원이라도 빌고 올 걸 그랬다. 서연이와 다시 만나게 도와달라고. 어쩌면 이대로 영영 서연을 못 만나게 되는 건 아닌지….

눈을 지그시 감았다. 지금이라도 기도를 드려야겠다는 생각에.

그 순간 예의 섬찟한 그 기운이 또다시 내 두 귀를 스쳐 지나갔다.

7　라마단 하순에 있는 라일라툴 카드르(ليلة القدر)는 '운명의 밤' 또는 '권능의 밤' 등으로 불리며, 무슬림들은 이때 원하는 것을 간절히 기도하고 응답을 받으면 그 소원이 반드시 이뤄진다고 믿는다.

알콰리즈미는 어떤 사람인가?

페르시아의 수학자로 흔히 '대수학의 아버지'라 불리는 알콰리즈미

 [1] (780년~850년 추정)의 본명은 '아부 압둘라 무함마드 이븐 무사 알콰리즈미'이며, 이는 '압둘라의 아버지이자 무사의 아들이며 콰리즘 출신인 무함마드'라는 의미를 담고 있다.

그의 대표 저서 『힌두 수에 의한 계산법(Algoritmi de numero Indorum)』은 서양에 인도-아라비아 숫자와 계산법을, 『이항과 소거에 의한 계산 개론(Kitab Al-mukhasar fi hisab Al-jabra wa'l muqabala)』은 일차방정식과 이차방정식의 일반적인 해법을 전해주는 역할을 했다.

또한, 인도의 천문학서인 신드힌드와 프톨레마이오스의 알마게스트 등을 참조해 저술한 『신드힌드 지즈(Zīj al-Sindhind)』에서는 기존의 삼각함수와 구면삼각법 이론을 진일보시켰으며 최초로 탄젠트(tangent)

1　알콰리즈미-출처: https://www.somewhereinblog.net/blog/bichitrojisan/29863832

함수 표를 작성하기도 했다. 주어지지 않은 미지의 양(미지수)을 하나의 수처럼 인식해서 다룬 최초의 인물로 꼽히기도 한다.

알킨디는 어떤 사람인가?

[2] 아부 유수프 야쿱 이븐 이스하끄 알킨디는 이슬람 수학자이자 철학자이다. 지혜의 집에서 활동하며 논리학 9권, 기하학 32권, 철학 22권, 물리학 12권 등의 많은 저서를 남겼으며 그의 대표 저서 『암호화된 통신의 해독(Risāla fī Istikhrāj al-Kutub al-Mu'ammāh)』은 암호학의 탄생에 지대한 영향을 끼쳤다. 또한, 그는 최초로 학술적인 통계적 추론을 한 인물이라 꼽히며 수학적으로 무한대를 분석하여 철학에 접목하는 시도를 하기도 했다.

하지만 그는 제10대 칼리파인 알무타와킬의 비정통 이슬람교도들에 대한 종교적 박해와 바누 무사 형제가 가세한 지혜의 집 학자들 간의 내부 분열로 인해 지혜의 집에서 추방당한 후 쓸쓸한 말년을 보냈다고 전해진다.

---

[2] 알킨디-출처: https://en.wikipedia.org/wiki/Al-Kindi

알마문 칼리파와 지혜의 집

압둘라 알마문(786년~833년)은 자신의 이복동생인 제6대 칼리파 알아민과의 내전을 통해 정권을 장악하고서 아바스 왕조의 제7대 칼리파가 되었다. 그의 통치 초기에는 각지에서 많은 내란이 일어나 큰 혼란을 빚었으나, 학문과 예술에 깊은 이해와 관심을 가진 그는 곧 아바스 왕조의 학예 전성기를 이룩하였다.

그가 건립한 지혜의 집은 전 세계에서 가장 크고 잘 정리된 도서관 중 하나이자 번역기관이었다. 또한, 종교와 국적을 불문하고 우수한 학자들을 적극적으로 지혜의 집 연구소에 초빙한 덕에 지혜의 집은 수학과 천문학을 비롯해 철학, 의학, 물리학, 화학, 지구과학, 지리학 등의 학문 중심지로 성장하게 되었다.

알마문은 그리스적 유산인 합리성과 이성을 중시하는 무타질라파의 교의도 국가적으로 공인하였으며 번역된 책의 무게에 따라서 금화를 내리는 등 지식인들에게 후원을 아끼지 않았는데, 이에 대해서는 어느 날 밤 그에게 아리스토텔레스의 유령이 나타나 "이성과 종교는 대립하는 것이 아니다."라 설파하는 꿈을 꾸었기 때문이라는 재미난 설이 있다. 그뿐만 아니라 그는 지혜의 집에 정기적으로 방문하여 직접 학술토론을 이끌고 토론에 참여하기도 했다.

지혜의 집에서 출간된 수많은 학술 서적은 훗날 유럽에 유입되어 르네상스 운동을 가능하게끔 한 학문적인 밑받침이 되었다.

신라와 이슬람 세계의 만남

아바스 왕조가 주도하던 이슬람 세계는 중국의 광저우, 취안저우, 푸저우, 항저우, 양저우 등에도 대규모 이슬람 공동체를 형성하였는데, 양저우에는 신라인의 행정 자치 구역인 신라소도 있었기에 두 세계의 만남은 자연스럽게 이루어졌다.

그들에게 신라는 신비의 나라였다. 지리학자 알마크리지는 『창세와 역사서』에서 "중국 동쪽에 신라가 있는데, 공기가 맑고 부자가 많으며 땅이 비옥하고 물이 좋을 뿐 아니라, 왕도 자애롭다."라 기록했고, 바드룻 딘은 "신라는 부유한 나라이고, 아랍인들이 들어가면 아름다움에 현혹이 되어 끝내 떠나려 하지 않았다."라고 적었다. 이븐 사이드, 아부 알 피다 등은 신라를 '동양의 유토피아'라 묘사하기도 했다.

소문에 이끌려 찾아온 무슬림들이 아예 신라에 영구 정착하는 일도 빈번히 일어났는데, 846년 이븐 쿠르다드비가 작성한 『왕국과 도로총람』에는 신라가 "금이 풍부하고 자연환경이 쾌적하여 무슬림들이 한 번 도착하면 떠날 생각을 않는 곳"이라 묘사되어 있다. 우리에게 '처용가'로 잘 알려진 '처용'도 879년 신라 헌강왕 때 귀화한 아랍인이라는 학설이 있다.

① 경우의 수와 곱의 법칙

경우의 수란 어떤 사건이 일어날 수 있는 경우의 가짓수를 수로 표현한 것이다. 1회의 시행에서 일어날 수 있는 사건의 가짓수를 n이라고 할 때, 이 경우의 수를 n이라한다.

두 독립사건[1]이 동시에 일어나는 경우의 수를 구할 때는 곱의 법칙이 이용된다. 예를 들어 동전 2개를 동시에 던져서 나올 수 있는 모든 경우의 수는 4인데, 이는 동전을 던져 앞면과 뒷면 중에서 하나가 나오는 경우의 수인 2를 두 번 곱한 값과 같다.

② 순열

순열(permutation)이란 서로 다른 몇 개의 대상을 순서를 고려해서 나열하는 연산이다. 서로 다른 n개의 대상에 대한 순열의 수는 곱의법칙에 따라 n팩토리얼($n!$), 즉, $n! = n \times (n-1) \times (n-2) \times \cdots \times 2 \times 1$이 된다.

예를 들어 서로 다른 세 개의 동전을 일렬로 나열하는 경우의 수는 $3! = 3 \times 2 \times 1 = 6$인데, 이는 첫 번째 자리에 배치할 동전을 셋 중에서 고르는 경우의 수인 3과 그 동전을 제외한 나머지 두 동전 중에서 두 번째 자리에 배치할 동전을 고르는 경우의 수인 2 그리고 남은 한 동전을 마지막에 배치하는 경우의 수인 1을 모두 곱한 값과 같다.

---

1 사건 A가 일어나는 것에 상관없이 사건 B가 일어날 확률이 일정할 때, 두 사건 A, B는 서로 독립이라 하고, 서로 독립인 두 사건을 독립사건이라 한다.

③ 암호학

암호학(cryptology)은 정보를 보호하기 위한 수학적 방법론을 다루는 학문이다. 초기의 암호는 메시지 보안에 초점이 맞추어져 군사 또는 외교적 목적으로 사용되었지만, 현재는 인증, 서명, 전자화폐 등에 활용되어 우리의 일상에서 뗄 수 없는 중요한 분야가 되었다.

평문을 암호문으로 변환하는 과정을 암호화(encryption), 정당한 수신자가 정당한 절차로써 암호문을 평문으로 변환하는 과정을 복호화(decryption) 그리고 부당한 제삼자가 다른 수단을 통해 암호문을 평문으로 추정하는 과정을 암호 해독(cryptanalysis)이라 한다.

암호 해독에 관한 가장 오래된 문헌은 9세기에 알킨디가 집필한 저서이며, 여기에 소개된 빈도 분석법은 이후 15세기에 유럽으로 퍼져서 당시에 쓰였던 암호화 방식을 대부분 무효화시켰다. 이에 따라 동음환자, 다표식환자, 철자환자 등의 신형 암호화 방식들이 빈도분석법에 대한 대책으로써 연구되었다.

④ 헤론의 공식과 브라마굽타 공식

다음과 같이 길이가 각 a, b, c인 선분으로 이루어진 삼각형의 면적을 S라 하자.

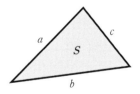

이때 $s = \dfrac{a+b+c}{2}$ 라 하면, $S = \sqrt{s(s-a)(s-b)(s-c)}$ 가 성립하며, 이를 헤론의 공식이라 한다.

헤론의 공식은 원에 내접하는 사각형의 넓이를 구하는 공식인 브라마굽타 공식의 특수한 경우이다. 브라마굽타 공식에서 사각형의 어느 인접한 두 꼭짓점을 같다고 했을 때(즉, 어느 한 변의 길이를 0이라 가정했을 때) 곧바로 헤론의 공식이 유도되기 때문이다.

⑤ 비와 비례식

비(ratio)는 여러 수의 크기를 비교하는 것이며, 콜론(:)을 이용하여 항을 구분한다 (ex. 1:2). 비례식은 수학적으로 동일한 두 비를 등호를 이용해 연결한 식이다(ex. 1:2＝2:4).

비례식 $a:b＝c:d$에서 b, c를 내항, a, d를 외항이라 하는데 비례식 내항의 곱과 외항의 곱은 항상 같다. 예를 들어 비례식 1:2＝2:4에서 내항의 곱은 2×2이고, 외항의 곱은 1×4이다.

⑥ 닮음과 닮음비

한 도형을 일정한 비율로 확대 또는 축소하여 도형을 얻었을 때, 이 도형을 처음 도형과 서로 닮음인 관계에 있다고 하고, 서로 닮음인 관계에 있는 두 도형을 닮은 도형이라 한다.

닮음비란 서로 닮은 두 도형에서 대응하는 변의 길이의 비다. 예를 들어 다음 두 삼각형의 닮음비는 2:3이다.

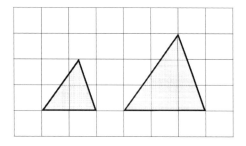

⑦ 근과 근의 공식

근(根)이란 방정식[2]을 성립하게 하는 미지수의 값이다. 흔히 방정식의 근을 구하는 행위를 '방정식을 푼다'라고 하며, '근'이라는 용어의 어원은 알콰리즈미가 '근본', '뿌리' 등을 뜻하는 아랍어 단어 '자드르(جذر)'를 썼던 것으로 추정된다.

 1차부터 4차까지의 다항방정식은 사칙연산 및 제곱근을 쓰는 일반화된 식으로 근을 표현할 수 있는데, 이를 근의 공식이라 한다. 특히 이차방정식 $ax^2 + bx + c = 0$ 의 근의 공식 $x = \dfrac{-b \pm \sqrt{b^2 - 4ac}}{2a}$ 가 대표적이며, 5차 이상의 다항방정식은 아벨-루피니 정리에 의해 일반적인 대수적 근의 공식이 존재하지 않음이 알려져 있다. 다만, 타원함수 등의 초월함수를 이용하면 5차 이상의 방정식도 근의 공식을 구성할 수 있다.

---

2 미지수가 포함된 식에서 그 미지수에 특정한 값을 주었을 때만 성립하는 등식.

피보나치 시대

Fibonacci

피사의
레오나르도

I.

시끄러운 소리에 부스스 눈을 떴다. 웬 무리가 내 바로 앞에 모여서 떠들고 있다.

… 춥다. 배도 고프고.

그냥 이대로 좀 더 누워 자고 싶은 기분에 나는 다시 눈을 감았다. 하지만 몇 분이 지나도록 내 앞에서 떠드는 무리는 자리를 비킬 생각을 하지 않는다. 시끄러워서 도저히 다시 잘 수가 없네.

다른 데로 좀 가서 떠들라고 소리치려 했다. 하지만 바닥의 찬 공기를 너무 오래 들이킨 탓인지 목이 푹 잠겨 목소리가 나오지 않았다. 문득 이상한 낌새를 느끼고 눈을 떠 내 몸을 살펴보았다. 그제야 나는 깨달았다. 이제 아미르가 아니라는 사실을.

마음속 깊은 곳에서 허무함이 퍼진다. 결국 나는 서연이를 만나지 못했구나. 야쿱 스승님과도 이렇게 헤어지는 거고.

… 나는 뭐 하는 녀석일까. 아니, 나는 무엇을 위해 살아가는 걸까.

왜 나는 이런 삶을 살게 된 거지? 대체 내가 무슨 죄를 지었기에 신은 내게 이런 장난을 치는 것인가.

'신…? 아, 그러고 보니 혹시?'

몸을 반쯤 일으켜 재빨리 주위를 둘러보았다. 하지만 내 예상과는 달리 '그 녀석'은 보이지 않았다.

힘없이 다시 바닥에 드러누워 한참을 멍하니 하늘만 올려다보았다.

그래. 어차피 살아도 사는 것 같지 않은 이런 삶. 그냥 나 스스로 끝내버리자. 주위에 그 녀석도 없으니 이제 더는 날 말릴 사람도 없을 테지.

그렇게 마음을 먹고서 몸을 일으켰다. 하지만 그 순간 내 머릿속엔 나와 똑같은 삶을 사는 그녀, 서연이가 떠올랐다.

… 서연이는 어떻게 됐을까. 어딘가로 떠났지만, 본인이 원했던 목적지에 잘 도착이나 했을는지. 아니면 나처럼 또다시 다른 시대로 넘어갔을지. 그것도 아니면… 혹시라도 나처럼 삶을 비관하여 절망적인 선택을 하지는…

아니다. 그녀는 나보다도 이런 삶을 더 오래 겪어왔다. 삶을 비관해서 나쁜 선택을 했을 사람이었다면 진즉에 했을 테지.

서연이는 지금까지 어떤 마음으로 살아왔던 걸까. 혹시 그녀는 이 길이 보이지 않는 삶의 답을 알고 있는 걸까? 하긴, 서연이라면 충분히 그럴지도 모른다….

그래, 다시 찾아보는 거야. 그녀가 지금 어느 시대의 어디에서 살고 있을지는 알 수 없지만, 한 번 더 만나서 이야기를 나눠 보는 거야. 서연이라면 이런 내 삶의 이유를 알려줄 수 있을지도 몰라.

멈춰 있던 피가 다시 가슴에서부터 퍼지는 듯하다.

"약속드립니다! 책을 드리는 거로 모자라시면 따로 교습도 해드릴게요. 절 믿어주세요!"

고개를 들어 아까부터 계속 시끄럽게 떠들고 있는 이를 보았다. 작은 몸집에 여자들이 좋아할 만한 귀여운 외모를 가진 남자다. 왼손에는 나무판, 오른손에는 펜을 들고서 모여 있는 사람들에게 무언가를 열정적으로 설득하고 있다. 모여 있는 무리는 아무래도 무역상들 같고. 떠들고 있는 저 사람도 비록 그 하얀 피부가 어울리지는 않지만 걸친 복장을 보면 영락없이 상인이다.

"젊은 사람들이야 뭐 그게 더 편할 수도 있겠지만, 우리 같은 사람들은 갑자기 쓰던 걸 바꾸는 게 여간 골치 아픈 일이 아니야. 자네 마음을 무시하는 게 아니라네."

"그러니까요! 어르신. 제가 지금 우리 세대만 편하자고 이러는 게 아닙니다! 우리 뒷세대 후배들에게 더 쉽고 편한 환경을 물려주자는 거죠."

"허허허. 아니 그러니까 우리는 그게 뭐 월등하게 쉬운 건지도 잘 모르겠고."

"당연히 쉽습니다! 여러분들. 99를 쓰려면 그동안은 어떻게 썼나요? 이렇게 이렇게 썼잖아요? 획수가 여섯입니다. 그런데 아랍 방식으로는 이렇게! 두 획이면 된다니까요?"

"허허허…"

저 무리는 한참 전부터 저러고 있었는데, 대체 언제까지 저러고 있을 생각이지? 시끄러워 죽겠는데. 하긴, 저들의 눈에 어차피 나 따위는 보이지도 않겠지. 저들에게 나의 존재감은 마치 바닥에 굴러다니는 돌멩이와 별반 다르지 않을 테니까. 듣기 싫은 이쪽에서 다른 곳으로 가든지 해야겠다.

그런데 아까부터 웬 숫자 얘기, 아랍 얘기인 걸까?

나는 자리에서 일어나 아까부터 쉬지 않고 떠드는 열정돌이의 왼손에 들린 종이를 슬쩍 보았다. 하단에 여러 사람의 이름이 일렬로 적힌 걸로 보아, 아마도 상인들에게서 서명을 받는 중인 모양이다. 종이 상단에는 큼지막하게 '아라비아 숫자 사용 동의서'라 쓰여 있었다.

제목 아래에 쓰인 본문에도 눈길이 갔다. 까치발을 해가며 어깨너머로 글을 읽어 보니 대략 이런 내용이었다. 기존의 로마 숫자 표기는 착오와 혼동이 많을 뿐 아니라 불편하니, 피사[1]에서 상거래를 할 때에 쓰는 수 표기법을 아라비아 방식으로 바꾸자는 내용이었다. 그리고 방금 펜으로 쓴 로마 숫자 XCIX[2]와 아라비아 숫자 99도 보였다.

본문을 읽고 있는데 언젠가부터 주변이 묘하게 조용해진 것 같이 느

---

1   이탈리아 중북부 토스카나 지방의 해안 도시 피사를 중심으로 번영하였던 도시 공화국으로, 11~12세기에 지중해의 해상권을 장악해 동방과의 무역을 주도하며 번영하였다.

2   로마 숫자로 99를 표기하는 법은 다음과 같다. 우선 100을 의미하는 C를 적고 그 왼편에 10을 의미하는 X를 적어서 100보다 10이 모자란 90(XC)을 적는다. 그리고 그 오른편에 10을 의미하는 X와 그 바로 왼편에 1을 의미하는 I를 적어서 10에서 1이 모자란 9(IX)를 적는다. 즉, XC는 90을, IX는 9를 의미하여 XCIX는 99와 같다. 마찬가지로 5를 의미하는 로마 숫자는 V, 1000을 의미하는 로마 숫자는 M으로, 만약 1194를 로마 수 체계로 표기하면 MCXCIV이다.

껴졌다. 고개를 들어 보니 다들 별안간 끼어든 웬 거지를 불쾌한 시선으로 흘겨보고 있었다. 물론 그 거지란 나를 말한다.

"구구절절 다 맞는 내용이구먼. 쳇."

나는 짧게 툭 뱉고서 뒤로 돌아 그 자리를 피했다.

Ⅱ.

"잠깐만요! 이봐요. 선생님! 저기요!"

나는 아까부터 따라오는 그 열정돌이의 끈질긴 외침에 결국 걸음을 멈췄다.

"절 부르신 겁니까?"

"네!"

열정돌이는 내 앞에 와 양 무릎에 손을 얹고 거친 숨을 몰아쉬며 숨을 골랐다.

"제게 물으실 거라도?"

그는 초롱초롱한, 조금은 부담스러운 눈망울로 날 올려다보며 물었다.

"혹시 아라비아 숫자를 볼 줄 아시는지요? 아까 이 종이에 쓰인 내용을 읽으신 거죠?"

"네. 왜요?"

"와! 놀랍습니다! 역시 제 책을 읽어 보셨군요!?"

"… 그쪽이 누구신데요?"

"아아!"

그는 자세를 바로 하고 오른손을 몸에 쓱쓱 닦고는 내밀어 내게 악수를 청했다.

"제 이름은 레오나르도입니다.『산반서』[3]를 쓴 사람이 바로 저입죠! 하핫!"

나는 얼떨결에 그가 내민 손을 마주 잡았다. 그러고 보니 지금 내 몸에서는 악취가 무척 심하게 날 텐데, 인상 하나 찌푸리지 않고 정중하게 인사를 걸어오는 걸 보면 성품은 좋은 사람인 듯하다.

"제 딴에는 정말 열심히 쓴 책인데 다들 읽어주질 않아서 낙담하고 있었습니다. 그런데 선생님 같은 분을 뵙게 되니 너무 반가워서요!"

신인 작가인 건가? 처음 책을 출간한 사람들이 으레 그렇듯, 꽤 자의식 과잉 상태인 듯하다. 아라비아 숫자를 볼 줄 안다고 해서 내가 자신의 책을 본 거라는 저 확신은 대체 어디서 나오는 거야?

"아뇨. 실례지만 저는 그쪽의 책을 본 적이 없습니다. 산반서라는 책 제목도 처음 듣고요."

"예?! 그럴 리가…."

레오나르도란 사내는 당황한 표정으로 얼버무렸다. 나라면 무척이

---

3 산반서(Liber Abaci)는 피사의 레오나르도가 1202년에 출간한 수학책이다.

나 민망했을 듯하다.

"아니, 그러면 선생님께선 어떻게 아라비아 숫자를 아시는지요? 혹시 실례가 아니라면 여쭤 봐도 괜찮습니까?"

"저는 마디나트 아스 살람의 지혜의 집에서 수학을 연구한 사람입니다. 힌두-아라비아 수 체계를 아는 거야 당연한 거죠."

"예!? 지혜의 집! 아이고!"

나는 말하면서 순간 아차 싶었다. 지금은 아미르였던 때와 전혀 다른 시대. 마디나트 아스 살람의 위치도 여기로부터 아주 멀리 떨어진 곳일 텐데.

하지만 레오나르도란 남자의 반응은 뜻밖이었다.

"제가 아주 크나큰 결례를 범했습니다! 죄송합니다. 정말 죄송합니다! 감히 몰라뵙고 망언을 했네요."

"예? 아니, 사과하실 필요까진…. 저따위가 뭐라고."

다행히도(?) 이자는 지혜의 집에 대해서 알고 있는 모양이다. 왜인지는 모르겠지만 지혜의 집 연구원을 몹시 높이 평가하는 듯하고. 나는 부담스럽도록 거듭 고개 숙여 내게 사과하는 레오나르도를 애써 진정시켰다.

"그런데 왜 선생님 같은 귀한 분께서 이 누추한 곳에 이런 모습으로…. 혹시 무슨 사연이라도 있으신지요?"

아 참. 지금의 난 그저 길거리 생활을 하는 거지일 뿐이었지? 이거 참 난감하다. 뭐라고 답해야 이 상황을 모면할 수 있을까.

"참! 선생님. 여기서 이러고 계시지 말고 저와 함께 가시죠?! 아주 근사한 음식이라도 대접하고 싶습니다. 여기서 이슬람 수학자분을 다 만나다니! 이런 우연이 다 있나요. 하하하!"

레오나르도는 환한 미소를 지으며 옆에 서서 나를 안내했다. 휴. 굳이 내 정체를 둘러대지 않아도 돼서 다행이야.

그런데 이 사람을 그냥 따라가도 괜찮은 걸까? 근사한 식사라니. 아까부터 계속 꼬르륵 소리를 내는 내 배는 서연이를 찾는 것도 식후경이라 외치는 듯하다.

그래. 일단은 배부터 좀 채우고 다시 생각해 보자. 딱히 나쁜 사람 같지도 않아 보이니까.

"그런데 선생님의 존함은 혹시 어떻게 되십니까?"

"아, 제 이름이요? 제 이름은…"

뭐였더라? 지금의 내 이름. 아 맞아.

"알레시오. 알레시오입니다."

"알레시오 님! 와우. 이름도 멋집니다!"

레오나르도는 뭐가 그리 신나는지 나를 안내하면서 오늘 있었던 일을 쉴 새 없이 조잘조잘 떠들어댄다.

문득 고개를 돌려보니 해는 어느덧 수평선 아래로 내려가 화려한 무지갯빛으로 하늘을 아름답게 수놓고 있었다.

Ⅲ.

무척 고급스러운 식당이다. 몇 날 며칠을 구걸해야 한 번 올 수 있을까 말까 한 곳. 하긴. 이런 곳에 올 돈이 있다면 차라리 양 많고 값싼 음식을 잔뜩 사서 배를 채웠을 테지만.

식당 입구를 지키고 있던 점원 두 명이 나를 보고 황급히 입장을 제지하려 했다. 하지만 레오나르도의 얼굴을 보더니 깜짝 놀라며 우리를 식당 안 구석의 아늑한 자리로 안내하였다. 레오나르도는 아마도 이 가게의 귀빈인 모양이다.

곧 우리 앞에 놓인, 지름이 약 3큐빗[4]쯤 되는 원탁 위는 온갖 진미들로 가득 채워졌다. 나는 사양하지 않고 본능에 따라서 마구잡이로 음식들을 입에 쑤셔 넣었다.

"이 라자냐 어떠십니까? 제가 이 가게에 오면 꼭 먹는 음식인데, 입맛엔 맞으시는지요?"

"네. 덕분에 포식하네요. 하하."

레오나르도가 라자냐라 부른 이 음식은 잘게 잘린 고기와 얇은 면 반죽이 소스와 함께 버무려져 노릇하게 구워진 치즈가 아주 일품인 음식이다.

---

4   1큐빗은 약 50cm이다.

"이것도 한번 드셔보시지요. 시칠리아[5]식 전통 트리[6]인데, 무함마드 알이드리시[7]가 극찬했던 바로 그 요리죠!"

물론 음식들이 맛있기도 하지만, 지금의 삶에서 최근 3일 정도를 굶었던 탓에, 정말 나 자신도 놀랄 정도로 내 손과 입은 쉬지 않고 음식을 뱃속으로 전달했다. 그러다가 문득, 이렇게나 융숭하게 나를 접대하는 레오나르도의 의도가 궁금해졌다.

"저기… 레오나르도 씨."

"예! 알레시오 님."

"좀 뒤늦게 여쭈는 감이 있지만, 왜 제게 이런 고급스러운 만찬을 주시는 겁니까?"

레오나르도는 내 물음을 듣더니 씩 미소를 지었다.

"쑥스럽지만 저도 수학을 공부했거든요. 무역상이신 아버지를 따라서 어렸을 적부터 세계 곳곳을 누비며 그곳의 수학을 배웠습니다. 이제 와 생각해 보면 제게는 매 순간이 항상 설레고 신나는 나날이었죠."

나는 무함마드 알이드리시가 극찬했다는 그 트리를 입에 욱여넣으며 한쪽 귀로 레오나르도의 말을 흘려들었다. 그러고 보니 무함마드라니! 아미르였던 내 정신을 마지막에 산산이 조각 낸 무함마드 알콰리즈

---

5   시칠리아는 메시나 해협을 사이에 두고 칼라브리아 반도에 인접해 있는 지중해에서 가장 큰 섬으로, 현재는 이탈리아의 자치주이다.

6   트리(trii)는 스파게티의 옛 이름 중 하나이다.

7   무함마드 알이드리시(1100년~1166년)는 아랍의 지리학자로, 세계 지도를 작성한 것으로 유명하다.

미 님이 떠오르는군.

"특히 무와히드 칼리파국[8]의 한 마드라사[9]에서 들었던 수학 수업! 그때의 충격은 아직도 생생합니다. 그 뒤로 저는 그야말로 아랍의 드높은 수학 수준을 숭상하는 사람이 돼버렸죠. 아하하."

이제 슬슬 걱정되기 시작한다. 이 사람은 아마도 내가 무척이나 대단한 수학자인 줄로 착각하는 모양인데….

"비록 저는 가보진 못했지만, 지혜의 집은 그야말로 각 학문의 정점이신 분들이 모인 연구기관이라고 들었습니다. 정말로 존경스럽습니다. 알레시오 님!"

순간 나는 입안 가득히 문 음식물을 뿜을 뻔했다.

"실례인 줄은 알지만, 혹시 선생님께서는 지혜의 집에서 어떤 분야를 공부하셨는지요? 여쭤봐도 되겠습니까?"

실례인 줄 알면 묻지 말지. 거참 곤란하네. 뭐라고 대답해야 할까.

"뭐, 그리스 수학도 연구했고, 에… 또 이집트 수학도 했고. 아하하. 그런데 저는 레오나르도 씨께서 생각하시는 것처럼 그리 대단한 사람은 아닙…"

"와우! 그리스 수학! 저는 정말 상상도 못했지 뭡니까? 우리가 살던

---

8 무와히드 칼리파국(1121년~1269년)은 알 안달루스에서 리비아에 이르는 광대한 영토를 장악한 베르베르인의 무슬림 칼리파 왕조이다.

9 마드라사는 이슬람의 합법적 고등교육기관으로서 외래과학이 포함된 고급 학문을 배우는 곳이었다.

이곳에도 그 먼 옛날에 그런 위대한 수학자분들께서 계셨다는 걸요. 유클리드! 아르키메데스! 디오판토스!"

"… 예? 상상도 못했다고요? 레오나르도 씨는 여기 피사나 근방에서 초등교육을 받지 못하셨나요?"

"받았죠. 하지만 아시다시피 이곳은 신학 외에는… 후. 아무것도 모르던 시절에는 그토록 멋지게 느껴졌던 로마 제국이 지금은 한심, 아니 원망스러울 지경입니다. 우리 선조들이 그리 훌륭하셨으면 뭣합니까? 동양과 이슬람 세계가 그토록 발전할 동안에 우리는 한참을 퇴보했는 걸요. 지금도 시민 대부분은 그저 신밖에 모르는 세상이고요."

하긴. 아미르였던 시절에 지혜의 집에서 적지 많은 수학 서적들을 봤었지만, 고대 그리스 서적들 이후로 이 지역에서 쓰인 수학 서적 중에는 그다지 특별할 게 없긴 했지. 그때로부터 몇백 년 정도의 시간이 흐른 지금이지만, 여전히 큰 변화는 없었나 보다.

"… 그리고 보니 레오나르도 씨는 무슬림에게 별로 적개심이 없으신가 보네요? 원래부터 그러셨나요?"

레오나르도는 웃었다.

"아뇨. 저도 어렸을 때는 동네 친구들과 십자군 놀이나 하며 놀던 평범한 사람이었습니다. 아버지를 따라 돌아다니며 비로소 세계를 바로보는 눈을 얻은 거죠. 하핫. 부끄럽군요."

그는 곡물을 걸러낸 맥주를 꿀꺽꿀꺽 들이켰다. 콩, 귀리 등이 섞인 걸쭉한 맥주들만 봐왔는데, 이처럼 맑게 걸러서 개운히 마실 수 있는 맥주는 이 가게가 처음이다.

"취하네요. 알레시오 님! 혹시 제가 문제 하나 내도 되겠습니까?"

"… 안 괜찮대도 내실 테죠?"

"아하하! 예. 그렇습니다. 한번 풀어봐 주십시오. 만약에 말입니다. 어떤 사람이 사과 꾸러미를 들고 총 3개의 문을 지난다고 해보는 겁니다. 근데 하나의 문을 지날 때마다 문지기한테 가지고 있던 사과의 절반. 거기에 1개를 추가로 더 주는 겁니다. 그렇게 이 사람이 총 3개의 문을 모두 지나서 최종적으로 남은 사과 개수를 세어 보니 1개였답니다. 그렇다면, 이 사람이 처음에 갖고 있던 사과는 총 몇 개였을 까요?"

뭐지? 나를 시험해 보는 건가? 시험 치고는 딱히 어려운 문제를 낸 것 같진 않은데.

"절반에 1개를 더 준다고요?"

"네. 그렇습니다. 만약 4개를 갖고 있다면 그 절반인 2개. 거기에 1개를 더해서 총 3개를 주는 겁니다."

흠. 생각해 보자. 처음에 갖고 있던 개수가 x였다면 첫 번째 문을 지나고는 $\frac{x}{2} - 1$개가 남겠지. 그대로 두 번째 문을 지나면 $\frac{x}{4} - \frac{1}{2} - 1$개가 남겠고.[10] 마지막에는 $\frac{x}{8} - \frac{1}{4} - \frac{1}{2} - 1$개가 남을 거야.[11] 이 값이 1이라고 했으니까…

---

10 $\dfrac{\frac{x}{2} - 1}{2} - 1 = \dfrac{x}{4} - \dfrac{1}{2} - 1$

11 $\dfrac{\frac{x}{4} - \frac{1}{2} - 1}{2} - 1 = \dfrac{x}{8} - \dfrac{1}{4} - \dfrac{1}{2} - 1$

$$\frac{x}{8} - \frac{1}{4} - \frac{1}{2} - 1 = 1 \ \Rightarrow \ \frac{x}{8} - \frac{1}{4} - \frac{1}{2} = 2 \ \Rightarrow \ \frac{x}{8} - \frac{1}{4} = \frac{5}{2}$$

슬슬 암산이 어려워지기 시작하지만, 얻어먹은 밥값이라도 해야겠다는 마음에 나는 골똘히 집중했다.

$$\frac{x}{8} - \frac{1}{4} = \frac{5}{2} \ \Rightarrow \ \frac{x}{8} = \frac{11}{4} \ \Rightarrow \ x = 22$$

"22개. 맞습니까?"

"헛!"

내 답을 들은 레오나르도는 두 손으로 자신의 입을 막았다. 놀란 눈으로 날 보는 걸 보니 다행히 답을 맞힌 모양이다.

"어떻게 이렇게 빨리 답을 내셨죠? 제 책은 안 보았다고 하지 않으셨나요?! 아니면 원래 거꾸로 계산하는 방법이 흔한 방식인 겁니까?"

"예? 거꾸로 계산이요? 그게 무슨 말씀이신지…. 저는 그냥 계산한 건데요."

"네!?"

그가 탕 소리가 나도록 식탁을 내려치는 바람에 깜짝 놀랐다. 나는 몸을 살짝 뒤로 빼고서 바보 같은 표정을 짓고 있는 그의 얼굴을 물끄러미 보았다.

"알레시오 님! 외람된 말씀이지만, 제 책 산반서에 적은 이 문제의 해법은 거꾸로 계산하는 방법입니다. 마지막 남은 1개에 1을 더하고 두 배를 하면 4. 거기에 1을 더하고 두 배를 하면 10. 거기에 1을 더하고 두 배를 하면 22죠. 설마 이렇게 푸신 게 아니란 겁니까?"

"오. 그렇게 풀어도 괜찮네요. 저는 그냥 처음에 갖고 있던 사과 개수를 미지수로 놓고서 정공법으로 계산했거든요."

"아… 미지수…! 역시 아랍 수학을 연구하신 분이시군요!"

나는 손사래를 쳤다.

"아니요. 미지수만이라면 굳이 아랍 수학이 아니더라도 과거에 그리스 수학자 디오판토스도 있고요."

"비단 미지수 때문만이 아니라 선생님의 그 놀라운 암산 속도도 정말 대단하신 겁니다! 보통 사람들은 암산은커녕 셈판이나 계산 도구 없이는 방금 같은 문제를 풀지 못합니다. 제가 거꾸로 계산하는 방법을 해설로 쓴 이유도 그런 거고요. 이 정도 문제를 암산으로 순식간에 해결하셨다는 건 그야말로 아라비아 수 체계에 능통한 분이라는 증거 아니겠습니까!"

물론 레오나르도의 말이 틀린 건 아니다. 이 지역에서 쓰는 로마 수 체계로는 문제가 조금만 복잡해져도 암산이라는 행위 자체가 거의 불가능에 가깝다. 그 때문에 예로부터 계산을 위한 다양한 도구들이 발달했고, 아바쿠스라는 전문 계산가 육성 학교가 생겨난 이유이기도 하다.

"선생님. 사실 제가 아주 조금은 선생님을 의심하고 있었습니다. 그런데 이제 진짜임을 확실히 알았습니다! 죄송합니다. 기분 나쁘셨다면 이렇게 정중히 사과를 드리겠습니다."

그는 자리에서 일어나 내게 고개를 숙였다.

"아뇨. 뭘 이 정도로. 이렇게 고급스럽고 푸짐한 상을 얻어먹은 것만도 제가 감사한 일인데요. 하하."

"그래서 말입니다. 선생님."

그는 입술을 한 번 꾹 닫더니 자리에 앉아 다시 말을 이어 나갔다.

"혹시 저를 좀 도와주실 수 있겠습니까?"

"도와달라고요? 뭘을…?"

"저는 물론 지혜의 집에 계신 연구원분들에 비하자면 아주 많이 부족한 수준이지만, 그래도 여러 곳을 다니면서 배운 수학 지식을 이곳 사람들에게 전파하려고 합니다. 그래서 나름 몇 년간 공들여 쓴 산반서라는 책도 출간했지만 여러 번 말씀드렸듯이 처참할 정도로 외면받는 중이죠. 하하…. 아무래도 저 혼자서 쓴 책이다 보니 다른 사람들의 입맛엔 맞지 않았나 봐요."

문득 아까 길거리에서 이자가 여러 상인을 붙들고 자신의 책을 공짜로 주겠거니 무료로 수업을 해주겠거니 하던 모습이 떠올랐다.

"어째서인지는 알 수 없지만, 선생님께서는 거지 같은 행색으로 노숙자처럼 길거리를 배회하고 계셨습니다. 일시적인 모습도 아닌 것 같고요. 노숙 생활을 하면서 많은 사람을 보아오신 선생님의 눈이라면 아마 저보다 일반 대중의 눈높이를 훨씬 더 잘 이해하실 거로 생각합니다. 물론 아니어도 좋습니다. 부디 제 책을 한 번만 읽어주십시오. 어떤 점이 부족한지, 어떤 점을 고쳐야 할지 선생님의 냉철한 고견을 좀 부탁드리겠습니다."

"혹시… 책을 많이 팔고 싶으신 건가요? 그러면 그냥 쉬운 내용 위주로 쉽게 써보세요. 사람들의 지적 허영심을 기분 좋게 건드려주면 알아서 자신의 책장에 과시용 삼아서 꽂아두는 이들이 생겨날 테니까."

"단순히 책을 많이 팔고 싶은 건 아닙니다. 재수 없게 생각하실 수도 있는데, 저 돈깨나 많은 사람이거든요."

"…"

"저는 동양의 뛰어난 수학 지식을 수입하고 싶은 겁니다. 그들이 그토록 찬란한 발전을 이루었는데 우리라고 해서 못해낼 이유가 뭐겠습니까? 물론 당장엔 동양 수학을 그저 있는 그대로 받아들이기만도 벅찰 테지만, 지금 뿌려놓는 씨앗이 먼 훗날에 거대한 열매가 될지도 모르잖아요? 우리는 어쨌든 위대하신 탈레스[12]의 후손들이니 말이죠."

날 보는 레오나르도의 눈이 밝게 빛났다. 마치 그의 열정과 순수한 열망이 비치는 듯하다.

IV.

부둣가에 앉아서 출항하는 배들을 멍하니 바라보며 앞으로의 계획을 생각 중이다.

---

12 탈레스(기원전 6세기)는 고대 그리스의 철학자로, 최초의 수학자이자 최초의 고대 그리스 7대 현인이라는 명칭이 붙은 인물이다.

어제 레오나르도의 부탁은 미안하지만 정중히 거절했다. 그가 제시한 파격적인 대우와 그 진심에는 감사하지만, 서연이를 찾으려면 어느한곳에 매여 있을 수가 없기 때문이다.

하지만 문제는 그녀를 어디서부터 어떻게 찾아야 할지다. 사실 지금이 시대에 그녀가 있는지부터 확실하지 않으니…

좀처럼 답이 나오지 않는 고민에 한없이 무의미한 생각의 쳇바퀴만 돌던 중 뒤에서 문득 낯익은 발소리가 다가오는 게 느껴졌다. 뒤를 돌아본 순간 놀랐으나, 한편으로는 예상했던 일이었기에 전처럼 동요하지는 않았다. '그 녀석'이었다.

"왔구나. 왜 안 나타나나 싶었네."

"… 너흰 참 머리 아픈 존재들이야."

"오랜만에 보는데 첫마디가 겨우 그거냐? 저번처럼 뭐 죽일 거라느니 협박이라도 해보지 그래? 아, 하긴 나한테는 오랜만이지만 너한텐 아닐 수도 있겠구나."

"…"

"어차피 숨어서 내 행동을 다 감시하는 거면 그냥 쭉 나타나지 말지. 이렇게 가끔 모습을 보이는 이유는 또 뭐야?"

"누군 보이고 싶어서 보이겠냐? 클리셰라서 어쩔 수 없는 거지."

"클리셰? 그게 뭔데?"

"… 넌 대체 어디까질 기억하고 어디부터 기억하질 못하는 거냐? 아니면 원래부터 몰랐던 단어인가? 크크."

"?"

녀석은 내 옆으로 와 앉았다. 예전 같았으면 멱살을 잡고 실랑이를 벌였을 테지만 지금은 딱히 녀석에 대한 분노도, 처음 느꼈던 공포도 느껴지지 않는다. 그리고 보면 이 녀석, 예전부터 묘하게 친근하긴 했다. 실제로는 세상 이질적인 녀석인데도 말이다.

"알레시오. 나랑 거래 하나 할래? 서로 하나씩 질문하고 솔직하게 답해주는 거야. 거짓으로 답하거나 피하지 말고. 서로 딱 하나씩."

"무슨 꿍꿍이야?"

"크크. 어차피 넌 지금 궁금한 것도 많지 않냐? 질문에 목마른 건 나보단 네 쪽일 텐데?"

… 확실히 그렇기는 하지.

"그래. 그럼 내가 먼저 묻겠어. 서연이를 만나는 방법을 내게 알려줘. 너라면 당연히 알고 있겠지?"

"오… 나의 정체나 네 앞날 같은 거보다도 그게 더 궁금한 거야? 그러지 말고 질문을 신중하게 골라. 딱 하나뿐이니까."

"네 녀석이 신이든 뭐든 그런 거 난 관심 없어. 내 앞날이야 내가 하기 나름인 거고. 물은 것에나 대답해."

녀석은 피식 웃으며 답했다.

"레오나르도를 따라가라."

"뭐?"

"그 아이를 만나고 싶다면 레오나르도를 따라가. 그의 곁에서 그의 일을 돕도록 해. 그러면 조만간 볼 수 있을 거다."

"그 말은! 서연이도 지금 이 시대, 이 근처 어딘가에 있다는 얘기냐?!"

"하여튼 꼬리에 꼬리를 무는 질문은 너희들 특징인가 보네. 내가 분명히 질문은 하나라 했지?"

"… 네가 제대로 대답했다는 건 어떻게 믿지? 만약에 레오나르도를 따라갔는데도 서연이가 나타나지 않는다면?"

"어유, 내가 넌 줄 아냐? 내가 한 말은 진짜야. 믿어라, 좀."

"…"

"그럼 이번에는 내가 물을 차례지? 사실대로 답해. 혹시라도 나중에 거짓임이 밝혀지면 큰 대가를 치를 테니까. 크크."

"하하. 말 한번 살벌하게 하네. 아무리 봐도 사람은 아닌 거 같은 네 녀석이 나한테 궁금한 게 도대체 뭔데?"

"너나 그 아이나 어떻게 매번 기억을 되살리는 거냐? 그 방법을 내게 말해."

… 뭐지 이 녀석? 설마 잊어먹은 건가?

"나는 처음에 너희가 본인의 예전 이름을 기억하는 행위인 줄 알았다. 하지만 아니었고, 그다음에는 일기를 쓰는 행위인 줄만 알았지. 하지만 그것도 아니었더군."

"뭐? 일기가 아니라고?"

녀석은 내 얼굴을 빤히 쳐다봤다.

"… 일기가 아니라면 나도 모르는데?"

"크크. 웃기지 마. 매번 내가 공들여서 기억을 지우고 또 지워도 말짱 도루묵이었잖아. 너도, 그 아이도. 분명 내가 모르는 방법을 공유하고 있다는 거겠지."

"그딴 거 없어. 서연이가 내게 알려준 건 일기 쓰는 방법뿐이었다고."

"마지막 기회야. 그러지 말고 솔직히 대답해. 계속 답을 피했다간 내가 널 어떻게 할지 대충 알지?"

"…"

일기 쓰는 게 아니었다니? 그리고 보면 아미르로 살았던 지난 삶에서 나는 일기를 쓴 적이 없긴 하다. 율리우스였던 당시에도 서연이가 사라지기 전까지는 그리 성실히 일기를 쓴 편은 아니었고. 하지만….

"몰라. 진짜로. 네 말을 듣고 보니 확실히 나도 이상하다는 생각이 들긴 하지만 내가 아는 방법은 진짜로 일기뿐이라고."

녀석은 심각한 표정으로 한참 동안 내 눈을 응시했다. 나는 그런 녀석의 눈을 떳떳이 마주했다. 우리 둘 사이에 한동안 팽팽한 긴장감이 감돌았다.

"그렇다면… 설마 그분이…?"

녀석은 들릴 듯 말 듯한 목소리로 작게 읊조렸다. 그분? 누구를 말하는 거지?

그대로 녀석은 자리에서 벌떡 일어나 왔던 길로 돌아서 걸어갔다. 나는 녀석을 굳이 다시 불러 세우지는 않았다.

V.

"짜잔! 이 방입니다!"

나는 레오나르도가 열어준 방 안으로 한걸음 들어섰다. 한쪽 벽면의 작은 아치형 창문 셋으로부터 햇살이 은은히 들어오고, 천장까지 닿는 책장으로 다른 두 면이 가득 채워진 방이었다. 온갖 필기구가 놓인 고풍스러운 책상과 한쪽 벽면에 있는 깔끔한 침대도 눈에 띄었다.

"원래 제가 서재로 쓰는 공간인데, 서가 몇 개를 다른 방으로 옮기고 침대도 들여놓고 해서 알레시오 님이 생활하실 만한 공간으로 바꿨습니다. 필요하신 게 있으시면 언제든 하인들에게 말씀해주시고요."

나는 레오나르도의 뒤에 서 있는 하인들을 보았다. 여느 집들과 다르게 다들 방금 세탁한 것 같은 깔끔한 황색 상의와 푸른색 하의를 맞춰 입고 있다. 생활에 필요한 물품 정도는 레오나르도가 넉넉하게 제공해주는 모양이다.

"보시면 알겠지만, 책장에도 일단은 수학 서적을 위주로 배치해 놨습니다. 아마 이 피사 공화국에서 이 정도의 수학 서적을 모아둔 곳은 없을걸요? 저도 정리하고 나서 괜히 뿌듯하더군요. 하하핫."

과연… 이라는 생각이 절로 나는 광경이다. 레오나르도의 대단한 재력도 재력이지만, 무엇보다도 수학에 대한 그의 애정이 잔뜩 뿜어져 나오는 듯하다.

"나오시지요. 다른 책들은 또 어디에서 보실 수 있는지 알려드리겠습니다."

그는 내 옆에 서서 다른 방으로 날 안내했다. 그렇게 레오나르도를 따라서 그의 집 안을 다 구경하는 데에만 한 시간이 훌쩍 넘게 걸렸다.

산반서
소책자

I.

산반서. 레오나르도가 얼마 전에 출간했다는 수학책이다. 많은 공을 들였다는 그의 말이 무색하지 않게, 쪽수가 무려 400이 넘는 두꺼운 책이다.

레오나르도는 우선 내게 이 책을 한번 쭉 읽어 보고서 솔직한 감상을 말해달라 했다. 어찌 보면 별거 아닌 부탁을 진지하게 그리고 정중하게 하는 그의 태도에서 나는 그가 독자 한 명 한 명을 얼마나 소중하게 여기는지 느낄 수 있었다. 그만큼 많은 애정을 쏟아서 책을 집필했다는 의미겠지. 아미르였던 시절에 별 감흥 없이 매일 기계처럼 수학 신간 서적들을 번역했던 내 모습과는 사뭇 대비돼서 부끄러운 기분도 들었다.

1202년, 보나치의 아들인 피사의 레오나르도가 집필한 산반서는 여기서부터 시작한다.

책 표지를 넘기니 나온 첫 문구다.

이어지는 책의 서문에는 힌두 수 체계의 탁월함을 전파하고 싶다는 그의 의지가 첫 문단에 쓰여 있었고, 현실에의 적용보다는 증명을 기반으로 한 이론 중심의 책을 썼다는 내용도 있었다. 특히 기하학에 대해서 그러한 입장을 취했다는 대목에서 나는 레오나르도가 고대 그리스의 수학도 많이 공부했다는 사실을 짐작할 수 있었다.

그다음으로는 레오나르도 자신의 유년 시절과 이집트, 시리아, 그리스, 시칠리아, 프로방스 등을 돌아다니며 수학을 학습했던 기록이 이어졌다.

이제 서문을 끝내고 장을 시작한다.

이 문구의 아래로는 이후 펼쳐질 산반서의 각 장 내용이 간략히 소개되어 있었다.

- 힌두 수의 소개와 이를 쓰는 법. 그리고 손을 이용해서 이를 계산하는 방법.
- 정수의 곱셈.
- 정수의 덧셈.
- 큰 정수에서 작은 정수의 뺄셈.
- 정수와 분수의 혼합수를 분수로 바꾸는 방법과 그 반대로의 방법.
- 정수와 분수의 곱셈 및 분수끼리의 곱셈.

- 정수와 분수의 덧셈, 뺄셈, 나눗셈.

- 상품의 구매과 판매.

- 상품끼리의 교환과 화폐로의 구매.

- 여러 관계자 사이에서 만들어진 회사.

- 화폐의 합금과 이에 대한 규칙.

- 여러 문제 상황들과 그 해결법.

- 대부분의 문제 상황들이 해결되는 원리.

- 제곱근과 세제곱근을 구하고 이들을 곱셈, 나눗셈, 뺄셈하는 법.

- 기하학적 비율에 대한 규칙 그리고 대수학적 문제들.

솔직히 그다지 흥미롭지 않다. 무엇보다도 서술된 수학 내용의 수준이 너무 낮아 보이기 때문이다. 지금으로부터 아마도 몇백 년 전이었을, 내가 아미르였던 시기에 보았던 아랍 수학 서적들에 비교해도 기초 중의 기초 수준이라고 할 정도로.

섣부른 판단일 수도 있지만, 이게 레오나르도가 말했던 동서양의 수학 수준 차이인 건가 싶다. 왜 그가 그토록 지혜의 집 연구원들을 동경하듯이 얘기했는지도 알 것 같고.

물론 힌두-아라비아 수 체계가 여기는 거의 전파되지 않았다는 점을 고려해야 할 테지. 그러고 보면 내가 처음에 걱정했던 것보다는 도울 만한 구석이 꽤 있을 것 같다는 생각도 든다.

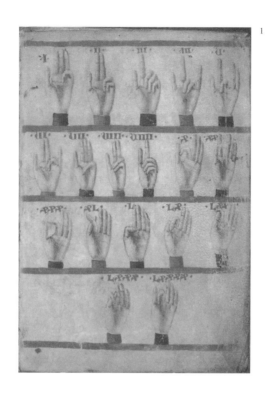

이건 레오나르도가 직접 그린 건가? 손가락으로 수를 셈하는 방법을 이렇게 일일이 그림으로 다 표현했을 줄이야. 하하. 그림도 꽤 잘 그렸네.

물론 손가락을 꼽아서 수를 파악한다는 것이 얼핏 생각하면 유치하게 생각될 수 있지만, 이곳의 분위기를 고려한다면 충분히 넣음직한 내

---

1   산반서의 손가락 셈-출처: https://delong.typepad.com/files/leonardo-pisano.pdf

용이다. 여기 사람들은 조금만 큰 수를 계산하려고 해도 손가락을 꼽거나 주판을 이용하는 게 상식이기 때문이다. 만약에 이런 계산 도구를 이용하지 않아도 되는 새로운 수 체계를 그들에게 곧바로 소개했다간 그들의 상식에서 너무나도 벗어나는 개념이기에 그들이 이를 쉽사리 이해하고 받아들이기 곤란해할 것이다.

이후로는 기존의 로마 수 표기를 힌두-아라비아 방식으로 변환하는 예시들('MMMMcccxxi'는 '4321'이라든지)이 길게 이어졌다. 그리고 제1장의 후반부에서 마침내 참신한 내용 하나가 눈에 들어왔는데, 큰 수를 쓸 때 가독성을 위하여 숫자를 3자리씩 끊어서 적자는 대목이었다.

예를 들어, 15자리 수는 $\overgroup{678}\,\overgroup{935}\,\overgroup{784}\,\overgroup{105}\,296$ 이런 식으로 표기할 것을 제안한다.

… 왠지 낯이 익다. 분명히 처음 보는 표기 방식이지만 마치 어디에서 봤던 것처럼 간질간질하다. 어디지? 어디서 봤었지?

그 순간, 갑작스러운 어지럼증과 함께 잊고 있던 또 다른 나의 옛 기억이 선명하게 떠올랐다.

'선생님. 왜 뉴스 같은 데 보면 숫자 쓸 때 세 자리마다 쉼표를 찍는 거예요?'

'그야 길게 쓰면 헷갈리니까?'

'그럼 우리는 왜 그냥 길게 늘여 쓰는 거예요? 우리도 쉼표를 찍으면 좋잖아요?'

'또, 또, 쓸데없는 질문 하지? 에휴, 쯧쯧.'

아마 내가 중학교 1학년 때였을 거다. 나를 보던 그 선생님의 한심하다는 듯한 표정이 떠오르면서 그때 느꼈던 감정이 똑같이 느껴진다.

시험에 직결되지 않거나 본인이 잘 모르는 내용이면 으레 쓸데없는 질문이라며 매도했던 그 수학 선생님. 이제 와 생각하면 그런 사소한 질문들로부터 시작해서 답을 찾아가는 과정이야말로 이 수학이라는 학문의 본질인 건데, 그 당시의 나는 질문을 마치 '죄'인 것처럼 교육받곤 했지.

아직 가시지 않는 어지럼증 탓에 책상 위에 팔을 베고서 엎드린 나는 그 당시의 나를 위로하는 마음으로 내 머리를 쓰다듬었다. 왠지 그때의 억울했던 마음이 다소 사그라지는 듯하다.

… 잠깐만. 그럼 혹시 먼 미래에 1,234,500과 같이 수를 표기하는 그 관습이 이 레오나르도의 책에서부터 시작된 건 아닐까? 내가 아미르였던 때에 봤던 그 수많은 수학책에서도 이런 식의 표기는 본 적이 없었으니까.

이거 어쩌면 내 생각보다도 이 책에는 흥미로운 내용이 잔뜩 있을지도….

Ⅱ.

나의 기대와는 달리 제1장 이후로 한동안은 그야말로 새로울 것 없는 내용의 연속이었다.

제7장까지 내용을 한마디로 요약하자면, 힌두-아라비아 수 체계로써 사칙연산을 하는 방법에 관한 내용이다. 그나마 특이했던 점을 하나 꼽자면 대분수를 표기할 때, 정수 다음에 분수가 아니라 그 반대 순서로 표기를 했다는 점 정도? 예를 들어서 대분수 $2\frac{1}{2}$ 을 이 책에서는 $\frac{1}{2}2$ 라 쓰고 있다.

물론 이를 $\frac{5}{2}\left(=2+\frac{1}{2}\right)$ 라고 쓰는 게 지금의 내게는 더 익숙하지만, 초등학생 때도 참 힘들게 진분수니 가분수니 대분수니 하는 개념들을 배웠던 기억이 있다. 아마도 자연수가 익숙한 상태에서 분수라는 새로운 개념을 단박에 받아들이기가 어려우니까 그런 개념들로써 이해를 도운 것일 테지. 오히려 그게 나는 더 복잡하다고 생각하긴 했지만.

그리고 제8장의 내용은 7장까지 전개한 내용을 바탕으로 이를 상거래에 응용하는 내용이다. 롤스, 파운드 등의 단위 간 환산 방법과 화폐처럼 쓰이는 가죽, 의류, 후추 등을 이용한 거래 시의 비율 계산법 등이 망라되어 있는데, 시중에 거래되는 온갖 상품들을 일일이 모두 다 따지는 바람에 그 쪽수가 꽤 된다. 굳이 이렇게까지 하나하나 다 서술할 필요가 있었을까 하는 생각도 들었다.

제9장 역시 제8장에 이어 상거래 시의 응용법이 나와 있었고, 제10장은 회사에서 구성원 수에 따라서 이윤을 배분하는 법이, 제11장은

화폐를 만들 때 은과 구리의 혼합 비율을 계산하는 방법 따위의 내용이 이어졌다. 모두 제7장까지의 기초 연산법의 응용 수준이라 나는 속독으로 이 부분을 빠르게 넘겼다.

제12장에 들어가자 마침내 사칙연산에서 벗어난 수학 개념이 나오기 시작했는데, 처음 소개된 개념은 수열이다. 레오나르도가 고대 이집트의 수학 또는 피타고라스 학파의 수학 이론도 공부했음을 짐작해 볼 수 있는 대목이다.

$$7,\ 10,\ 13,\ 16,\ 19,\ 22,\ 25,\ 28,\ 31$$

예를 들어 위와 같이 일정한 수 간격으로 증가하는 수열의 합을 구하는 방법을 레오나르도는 책에서 다음과 같이 제시하였다.

$$\frac{\text{첫째 수} + \text{마지막 수}}{2} \times \text{수의 개수}$$

이에 따라 위 수열의 합을 계산하면 $\frac{7+31}{2} \times 9 = 171$ 이다. 이 수열의 합 공식은 내가 이아손이었던 시절에 피타고라스학파 수학 서적들에서도 보았던 거다.

몹시 의아한 건 이 책에는 이러한 합 공식이 왜 성립하는지를 설명하지 않았다는 점이다. 분명히 책의 서문에서는 증명을 기반으로 이론 중심의 책을 집필했다고 언급했으면서 말이다.

사실 제12장까지 읽으면서도 여태껏 내가 받은 이 책의 인상은 서론에서 말한 것과 같은 이론 중심의 책이라기보단 현실에의 적용을 중심으로 집필된 책이라는 쪽에 더 가깝다. 상당수의 증명을 건너뛰고서 이론의 결과와 그 사례를 보이는 데에 대부분의 분량을 할애하고 있었기 때문이다.

그렇다고 방금 본 수열의 합 공식이 성립하는 이유를 설명하는 게 그리 어려운 것도 아니다. 가령 앞에서 예시로 든 수열의 합을 S라 해보자.

$$S = 7 + 10 + 13 + 16 + 19 + 22 + 25 + 28 + 31$$

이 수열은 일정하게 수가 증가하는 구조이기에 그 순서를 거꾸로 뒤집어서 생각해 보면 여러 재밌는 발견들을 할 수 있다. 물론 뒤집어도 수열의 합은 S로 같다.

$$S = 31 + 28 + 25 + 22 + 19 + 16 + 13 + 10 + 7$$

이제 여기서 하나 재밌는 사실은 원래의 수열과 순서를 뒤집은 수열의 처음 수끼리의 합이 둘째 수끼리의 합과 같고, 셋째 수끼리의 합과도 같으며, 마찬가지로 계속 그러한 규칙이 이어진다는 점이다.

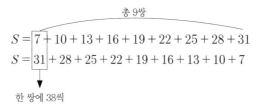

총 9쌍

$$S = \boxed{7} + 10 + 13 + 16 + 19 + 22 + 25 + 28 + 31$$
$$S = \boxed{31} + 28 + 25 + 22 + 19 + 16 + 13 + 10 + 7$$

한 쌍에 38씩

이 규칙을 이용해 다음과 같이 두 S의 합 $2S$를 유도할 수 있다.

$$S = \boxed{7} + \boxed{10} + \boxed{13} + 16 + 19 + 22 + 25 + 28 + 31$$
$$S = \boxed{31} + \boxed{28} + \boxed{25} + 22 + 19 + 16 + 13 + 10 + 7$$

합　합　합　　마찬가지로 규칙 이어짐.
38　38　38

$$\Rightarrow\ 2S = S + S = 38 \times 9$$

그러므로 양변을 2로 나누면 $S = \dfrac{38 \times 9}{2}$ 인데, 이제 이를 다음과 같이 재해석할 수 있다.

$$S = \frac{38 \times 9}{2} = \frac{38}{2} \times 9 = \frac{7 + 31}{2} \times 9$$

이때 7은 원래 수열의 첫째 수이고, 31은 마지막 수이며, 9는 수열을 이루는 수의 총 개수를 의미하므로, 똑같은 원리로써 수열의 합 S를 다음과 같이 일반화할 수 있다.

$$S = \frac{7+31}{2} \times 9 \Rightarrow S = \frac{\text{첫째 수} + \text{마지막 수}}{2} \times \text{수의 개수}$$

이런 일반화를 거친 결과를 흔히 '공식'이라 부른다. 굳이 수식이나 문자를 복잡하게 쓰지 않더라도, 그 원리를 이해하면 누구나 공식을 자연스럽게 유도할 수 있기에, 차라리 레오나르도가 이 책에서 과도하게 실은 예시 문제를 좀 덜어내고 그 원리를 소개하는 데에 분량을 더 할애했더라면 어땠을까 싶다.

이어서 책의 다음 내용을 보니, 이번에는 1부터 임의의 수까지의 제곱 합을 구하는 방법이 서술되어 있었다.

기가 막힌 건, 심지어 이 대목에서는 공식을 소개하지조차 않고 곧바로 1부터 10까지를 제곱해서 더한 결과, 즉, $1^2 + 2^2 + 3^2 + \cdots + 10^2$의 값이 $\frac{10 \times 11 \times 21}{6}$라는 결과만을 제시했다는 점이다. 아무리 책을 뒤져봐도 왜 이러한 결과가 나온 건지 그 어떠한 원리도 증명도 제시하지 않았다.

이래서는 안 된다. 질문으로 시작해서 이를 탐구하는 사고 과정이 핵심인 수학에서 그 과정을 생략하고 오직 사고의 결과만을 단편적으로 갖고 오다니. 수학이 마술을 부리듯 사람을 현혹하는 학문은 아니잖은가? 만약에 그 옛날 히파소스 스승님이 이 책을 본다면 이건 수학에 대한 모독이라며 크게 역정을 내셨을 거다.

나는 새 종이 한 장을 꺼내어 이 책에서 소개되지 않은 제곱수의 합 공식과 그 유도 과정을 써 내려갔다.[2] 그리고 적은 그 종이를 책장 사이에 빠지지 않도록 꽉 끼워 넣었다.

살짝 격양된 마음을 가라앉히고 차분한 마음으로 책의 다음 내용을 다시 펼쳤다. 하지만 그 이후로도 여전히 증명이나 원리에 관한 설명은 일절 없이 그저 문제와 그 해법, 또 다른 문제와 그 해법의 반복뿐인 전개가 계속해서 이어졌다.

결국 나는 참지 못하고 자리를 쾅 박차고 일어났다.

Ⅲ.

"아니, 알레시오 님! 필요한 게 있으시면 하인들을 부르시지 제 방까지 어쩐 일로…?"

탁상 위에 두 다리를 올려놓고 책을 읽던 레오나르도는 날 보더니 깜짝 놀라 자리에서 일어났다.

"산반서 때문에 왔습니다. 좀 여쭤 보고 싶은 게 있어서요."

"아하! 네. 들어오시죠. 저기, 저 자리로 앉으세요."

레오나르도는 활짝 웃으며 자신의 건너편에 있는 붉은 탁자로 날 인

---

2 251쪽 참고.

도했다.

그와 탁자를 사이에 두고서 마주 앉은 나는 갖고 온 산반서를 탁자 위에 올려놓았다.

"하루밖에 안 지났는데 벌써 질문이 생기신 겁니까? 지금은 어디쯤 읽고 계시는가요?"

"제12장을 읽던 중이었습니다. 제11장까지는 대략 다 훑어보았고요."

"네에!? 제12장이요? 벌써 거기를요!?"

"대부분 제가 알고 있었던 내용이라서…. 아, 제8장부터는 좀 빠르게 넘기긴 했습니다."

레오나르도는 입을 떡 벌리고 얼빠진 표정을 지었다.

흐음… 어디서부터 이야기를 시작해야 할까. 아무래도 처음부터 비판만을 늘어놓으면 좀 불쾌해하겠지?

"읽으면서 참신했던 내용이 있었어요. 우선 제1장에 쓰신, 수를 세 자리씩 끊어 표기하자는 제안. 그건 아마도 레오나르도 님의 독창적인 발상일 테죠? 재밌었네요."

"예?! 아뇨, 아뇨. 무슨 말씀을!"

레오나르도는 양손을 저으며 강하게 부정했다.

"그러면…?"

"그 내용은 교황 실베스테르 2세가 힌두-아라비아 수 기반의 주판을 사용할 때 세 자리째 기둥마다 호를 그려 표식을 해둔 것에서 착안한 겁니다. '피타고라스 호'라고 불리는 개념인데… 아하하, 이런…. 제가 감히 제안한다는 문구를 써서 제 아이디어인 줄로 오해하셨나 봅니다."

실베스테르 2세라면 지금보다는 옛날이지만 내가 아미르로 살았던 시기보다는 확실히 후대의 인물이지.

그러고 보니 나에게는 본의 아니게 몇백 년의 공백기가 생겨버린 셈이다. 그동안에 모르는 수학 이론도 꽤 많이 나왔을 텐데. 이거 아무래도 이따가 방에 가면 책장에 있는 최신 수학책들부터 싹 꺼내서 봐야겠는걸.

"뭐 또 궁금하신 거 있으시면 자유롭게 물어보시지요! 하하하."

"아! 네. 음…."

그냥 바로 본론으로 들어가 볼까.

"레오나르도 님. 그냥 좀 허심탄회하게 여쭤볼게요. 이 산반서라는 책을 쓰신 의도가 뭡니까?"

"예? 의도요?"

"네."

"머리말에도 적어놨지만, 일단 아라비아 수 체계를 알리고 싶어서입니다. 여기 사람 대부분은 그런 편리한 수 체계가 있다는 사실조차도 모르고 사니까요."

"확실히 그 의도는 전해지긴 했습니다. 전체 15장 중에서 무려 제7장까지가 힌두-아라비아 수 체계와 계산법에 관한 내용이었으니."

"이야! 정말로 다 보신 게 맞군요! 네. 정확합니다. 일부러 그 뒤로는 실생활 응용 예제들도 많이 넣어놓았지요. 핫하하."

"제8장부터 제11장까지를 말씀하시는 거죠? 저는 그 부분에서 레오나르도 님이 예제를 너무 많이 잡으신 건 아닌가 싶기도 하던데. 뭐, 사실 그보다도 제가 레오나르도 님의 의도가 궁금했던 부분은 그다음인 제12장부터거든요."

"어떤 점이 궁금하셨던 거죠?"

"제 생각에 제12장의 내용은 말씀하셨던 의도, 그러니까 힌두-아라비아 수 체계를 소개하겠다는 의도와는 어울리지 않는 내용으로 보였거든요."

"아! 무슨 말씀이신지 알겠습니다. 난이도가 많이 어려운 걸 지적하시는가 보군요?"

"난이도 문제가 아니라…"

"알레시오 님에게는 그리 어렵지 않은 문제들 아닙니까? 아무튼 제11장까지는 너무 쉬웠으니까 뒤에서라도 좀 수학의 참맛을 보여줘야죠. 수학이란 이런 거다! 수학은 단순히 계산만 하고 끝나는 학문이 아니다!"

"… 수학의 참맛이라뇨? 그렇다기엔 해법에 쓰이는 정리[3]조차 제대로 언급하지 않고, 증명 역시 거의 적어놓지 않으셨던데요? 간단한 원리조차 생략하신 게 많았고요."

"아아, 그건 말이죠. 보시다시피 이미 책이 너무 두꺼워지기도 했고. 또 일일이 그 모든 문제에 정리와 증명까지 다 실었다간 도저히 사람이

---

3 수학에서 공리 및 정의에 의해 참이라 증명된 명제.

갖고 다닐 만한 두께의 책이 될 것 같지 않아서 말이죠. 하하하. 저는 제 책이 책장에만 꽂혀서 먼지가 쌓이기를 바라진 않습니다."

"그렇다고 해서 증명과 원리를 생략하는 게 말이 되나요? 서문에는 증명을 기반으로 한 이론 중심의 책을 썼다고 하셨으면서. 저는 잘 이해되지 않네요. 그런 이유였다면 차라리 문제 수를 좀 줄이시던가 책을 여러 권으로 나누셔도 괜찮았을 텐데요."

"기왕이면 한 권의 책으로 독자분에게 최대한의 내용을 알려주고 싶어서 그랬습니다. 놀라실 텐데, 원래는 훨씬 더 많은 내용을 넣고 싶은 걸, 그 정도도 억지로 아주아주 많이 참은 거예요. 산반서에 미처 싣지 못한 내용들도 저기 수첩에 한가득 더 있습니다!"

이 사람, 어쩐지 나 자신을 보는 것만 같다. 마치 새롭게 갓 습득한 지식을 모조리 끄집어내어 자랑하고 싶어 안달이 난, 과거에 몇 번이고 보였던 철딱서니 없던 내 모습을.

"뭐 또 궁금하신 거 더 없습니까? 이렇게 제 책으로 토론을 다 하게 되다니! 정말로 꿈만 같군요!"

"레오나르도 님."

"예! 말씀하십시오."

"어차피 책의 작가는 레오나르도 님이시고, 저는 그저 독자로서의 감상을 들려드리는 거니까 지금부터 드리는 이야기는 적당히 가려 들으셔도 됩니다. 일단은, 제 판단에 제12장이 독자들에게 어렵게 느껴질 수밖에 없는 이유는 결코 문제들의 난이도가 높아서가 아닙니다."

"… 그러면 뭐죠?"

"방금 말씀드렸던 그 원리들이 생략돼서죠. 문제마다 해법을 적어 두시긴 했지만, 왜 그런 해법이 나왔는지를 전혀 설명하지 않으니 사전 지식이 없는 독자에게는 당연히 뜬금없는 내용의 연속이라고 보일 거거든요."

"하지만 그건 방금도 말씀드렸듯이 어쩔 수 없는 선택이었습니다. 그리고 저도 어차피 제12장 이후의 내용을 모든 독자가 이해하길 바라면서 쓴 건 아닙니다. 소수의 몇 명이라도 좋으니까 수학의 신기함을 느끼면 목적은 달성한 셈이죠."

"수학의 신기함이요?"

"예. 그리고 어쩌면 그 부분에서 알레시오 님이나 저처럼 수학의 진정한 매력을 깨닫고서 이를 진지하게 탐구해 보려는 사람이 나타날 수도 있는 겁니다. 그런 사람들에게는 더없이 흥미로운 학습 소재가 되어 줄 테고요. 바로 그 제12장부터가 말이죠."

나는 조용히 작은 한숨을 내쉬었다. 저건 핑계다. 나는 느낄 수 있다. 그가 하는 말들이 실은 자신의 본심을 감추고서 그럴듯하게 자신의 행동을 합리화한 포장지에 불과하다는 걸.

이 책의 후반부에서 느껴지는 그의 내밀한 속내는 자기 자랑과 허영심에 불과하다. 마치 미래에서 배웠던 지식을 떠올리고서 으스대고 싶은 그 본심을 감추고 학자로서의 사명이라는 식의 거창한 말로 행동을 미화했던 과거의 나처럼.

"레오나르도 님. 수학은 철저하게 상식으로부터 시작해서 연역적으로 유도되는 세계이기 때문에 저는 그 결과가 아름답다고 느낄 수는 있어도 신기함과는 거리가 멀다고 생각합니다. 아, 이 책처럼 수학의 핵심이라고도 할 수 있는 그 연역적 사고 과정을 모조리 다 건너뛰고 결과만 보여주면 신기해 보이긴 하겠네요."

"그건…"

"하지만 저는 그러한 시도마저도 대다수의 독자는 신기하다고 느끼기보다 '역시 수학은 이해도 안 되고 어렵구나'라고 받아들여, 오히려 수학과 담쌓고 더 멀어지게 될 여지가 크다고 봅니다. 그거야말로 수학을 전파하시겠다는 레오나르도 님의 처음 취지와는 완전히 어긋난 방향일 테죠."

레오나르도의 표정이 점점 굳어져 간다. 내 얘기를 듣는 그의 심정이 어떨지가 생생하게 느껴져 나 역시도 참으로 괴롭고 민망하지만, 그래도 말해야겠지. 이게 지금의 내 역할이니까.

"제12장 이후의 내용을 따라오는 극소수의 사람들도 어쩌면 레오나르도 님을 '너희가 모르는 이 많은 문제의 답을 난 이렇게나 많이 안다'라며 잘난 척하는 사람이라 여기고 거부감을 느낄지 모릅니다. 레오나르도 님이 실제로 그런 허영심이 있는지 아닌지는 중요하지 않아요. 비록 저는 레오나르도 님의 수학에 대한 열정을 존경하지만, 힌두-아라비아 수 체계를 대중에 전파하겠다는 처음의 목적을 위해서라면 제12장 이후의 내용만큼은 삭제하시는 게 좋을 것 같습니다. 사실 제8장부터 제11장까지의 내용도 현재로서는 좀 과하다는 판단이고요. 아까 이 책이 두꺼워지는 걸 염려한다고 하셨는데, 지금 말씀드린 부분들만 좀 덜어내도 책이 지금보다는 훨씬 얇아질 겁니다."

Ⅳ.

"알레시오 님. 지금 혹시 얘기 좀 할 수 있으십니까?"

레오나르도의 목소리다.

"앗, 네. 들어오세요."

방문이 열리고 레오나르도가 쭈뼛거리며 들어온다. 어제 이야기했을 때에 그는 '좀 더 생각할 테니 내일 다시 얘기하자.'라는 마지막 대답을 남겼었다.

나와 마주 앉은 그는 맞잡아서 깍지 낀 두 손을 탁자 위에 올려놓고서는 한참 심각한 표정으로 침묵을 유지했다. 나는 묵묵히 그런 그의 입이 열리기를 기다렸다.

분위기가 어색해지려는 찰나, 마침내 레오나르도의 입이 열렸다.

"알레시오 님의 말씀을 듣고서 많이 깨우치고 또 많이 뉘우쳤습니다. 어제저녁 내내 부끄러워서 잠도 오지 않더라고요."

"예?! 아이고…. 그러시라고 드린 얘기는 아니었는데. 죄송합니다. 레오나르도 님. 제가 너무 주제넘었나 보네요."

그는 미소 지으며 양손을 저었다.

"아닙니다. 부끄럽지만 알레시오 님께는 정말로 감사한 마음입니다. 그날 제가 부둣가에서 알레시오 님을 우연히 만났던 건 아무래도 탈레스와 알콰리즈미의 축복이 아니었을까 하는 생각도 들었습니다. 솔직한 심정으로 저를 다시 되돌아보니, 그동안의 저는 그저 수학을 전파하겠다는 허울 좋은 명분으로 해외에서 배워온 알량한 지식을 자랑하고 싶던 철부지였단 걸 깨달았으니까요."

"아이고…."

"문제마다 정리와 증명을 싣지 않은 건 솔직히 제가 몰라서인 게 많습니다. 답만 알고 그 이유를 모르는 문제들조차 사람들에게 아는 시늉을 하고 싶었던 거였고요. 잘 모르는 것에 관해선 공부를 더 하든지 아니면 아예 싣지 말든지 했어야 옳은 건데 말이죠. 어제는 제가 사람들한테 더 많은 지식을 전하고픈 마음에서 그리했다고 말씀드렸지만, 실제로는 제 잘난 척을 하고 싶었던 게 맞습니다. 사람들이 어렵게 느낄수록 이 책을 쓴 저를 더 위대하게 볼 거라는 정말 민망한 허영심이지요."

물론 그런 마음이 밑바탕에 깔려 있으리라고는 짐작했던 바이지만. 이렇게까지 자신을 솔직하게 내려놓고서 부끄러움과 정면으로 마주하는 레오나르도의 모습이 한편으로는 놀랍다. 나는 과연 레오나르도처럼 행동할 수 있을까? 아니, 과거에 나는 그러했던가?

"제게 좋은 가르침을 주셔서 정말로 감사드립니다. 알레시오 님의 말씀이 다 옳습니다. 지금의 산반서는 정말 대의를 위해서든 제 치부를 도려내기 위해서든 처음부터 다시 다 뜯어고치는 게 맞다고 생각하고요. 그래서 말입니다, 알레시오 님."

"?"

그는 또다시 한차례 뜸을 들이더니 입을 뗐다.

"민망하고 또 염치없는 부탁이지만, 혹시 산반서의 수정 작업에 도움을 주실 수 있겠습니까?"

"네?"

산반서의 수정 작업을 도와달라고? 400쪽이 훌쩍 넘는 그 두꺼운 책을? 아니, 시간이 대체 얼마나 걸릴 줄 알고. 물론 마음 같아서는 도와주고 싶긴 한데, 서연이의 소식을 듣게 되면 언제라도 찾아나설 준비를 해야 하는 나로서는 좀 곤란한 부탁이다.

"레오나르도 님. 그건 아무래도 제 능력 밖의 일인 것 같은데요. 더군다나 그 책은 레오나르도 님의 오랜 유학 생활을 관통하는 첫 열매인 거잖아요? 그런 개인의 중대사에 손을 대는 건 솔직히 부담스럽기도 합니다."

내 답을 들은 레오나르도는 한 손으로 턱을 괴고서 심각한 표정이 되어선 깊은 고민에 빠졌다. 나는 그런 그가 다음으로 어떤 말을 꺼낼지 몰라 안절부절못했다.

"그렇다면 알레시오 님, 이건 어떠십니까?"

그는 아랫입술을 몇 번 잘근잘근하더니 말을 이었다.

"알레시오 님의 말씀대로 산반서 전체의 수정 작업을 부탁드리는 건 너무 과도한 짐을 안겨드리는 거 같네요. 그건 온전히 제가 책임져야 할 몫이란 말씀에 동의합니다. 하지만 저는 선생님의 도움이 절실하게 필요합니다. 독자를 위하고 수학을 올바로 전파하기 위한 책의 집필은 솔직히 지금 제 능력으로는 역부족이란 판단이거든요. 선생님의 조언과 감수 없이는 잘 해낼 자신이 없습니다."

"음… 그럼 제가 뭘 어떻게 도와드리면 될까요?"

"산반서 본서本書와는 별개로 불필요한 내용을 싹 걷어낸 소책자를 만들어주시는 건 어떻습니까? 사람들이 아라비아 수 체계를 쉽고 편하게 받아들일 수 있도록, 그 목적에만 충실히 제작한 가벼운 책을 말이죠. 알레시오 님께서 제게 산반서 본문의 어느 부분을 쳐내면 좋을지, 또 어디를 남겨서 요약본에 실으면 좋을지를 좀 조언해 주십시오. 제가 최선을 다해 반영해 보겠습니다. 부탁드립니다!"

책에서 뺄 내용을 짚어주는 작업이라…. 그 정도라면 무리는 아니지. 나는 수락의 의미로 미소 지으며 고개를 끄덕였다.

나를 보는 레오나르도의 눈이 다시금 밝게 빛났다.

V.

레오나르도와 나의 협업으로 완성된 『소책자(Libro di minor guise)』는 출간 즉시 그야말로 대박이 났다. 물론 출간하기까지 순탄하기만 했던 건 아니었지만(덤벙대는 내 성격 탓에 책의 초안에서 크고 작은 오류들이 우르르 나왔고, 이를 거듭 수정하는 통에 작업이 많이 늘어졌다).

어쨌든 소책자 작업을 처음 시작할 때 내가 레오나르도에게 과감하게 제안했던 두 가지,

① 제8장 이후로는 삭제.

② 책의 전체 분량은 30쪽 이내.

이것을 그는 군말 없이 잘 따라주었다. 나는 무엇보다도 이 책이 휴대하기 간편한 책이 되기를 바랐고, 또한 남녀노소 누구나 부담 없이

가벼운 마음으로 접근할 수 있는 책이기를 바랐다.

또한, 힌두-아라비아 수 체계로 하는 셈법의 원리에 대한 설명은 산반서 본서보다 훨씬 더 강화하였다. 그 대신 기존에 있던 유형의 가짓수와 문제 수는 대폭 줄여 버렸다. 예를 들어 곱셈의 방법을 설명하는 제2장에서 본래 레오나르도가 유형화했던 흐름은 다음과 같았다.

Ⅰ) 두 자릿수끼리의 곱, Ⅱ) 한 자릿수와 여러 자리 수의 곱, Ⅲ) 두 자릿수의 수에서 일의 자리가 0인 경우, Ⅳ) 세 자릿수끼리의 곱, Ⅴ) 같은 두 수끼리의 곱, Ⅵ) 같은 두 수의 일의 자리가 0인 경우, Ⅶ) 서로 다른 두 수끼리의 곱, Ⅷ) 서로 같은 네 자릿수끼리의 곱, Ⅸ) 서로 다른 네 자릿수끼리의 곱, Ⅹ) 네 자릿수에 0이 포함되는 경우, …

이처럼 본서에서는 곱셈 하나에 대해서만도 열댓 개의 유형을 분류해 놓았으니 책의 두께가 두꺼워지는 건 당연하거니와 독자들도 읽으면서 난해하다고 느꼈을 수밖에. 그리고 유형마다 넣은 예제는 왜 또 그리 많았던 건지. 본서에서 레오나르도가 가지 친 유형들을 통합하고 문제를 대폭 덜어내는 작업만으로도 본래 15쪽이었던 제2장은 2쪽으로 줄어들었다.

물론 소책자의 장점과는 별개로, 상인으로서 레오나르도가 자신의 역량을 한껏 발휘한 것도 책의 흥행에 적지 않은 영향을 미쳤다. 아니, 어쩌면 그게 더 실질적인 성공 요인이었을지도 모른다. 그가 내건 **'30쪽도 안 되는 이 책 한 권만 읽으면, 앞으로 당신은 평생 주판을 사용**

하지 않아도 됩니다.'라는 문구는 몹시도 자극적이었고, 이 홍보문을 접한 사람들은 호기심에 마치 자석처럼 이끌려와 책을 구매해 가곤 했다.

책을 산 사람 중에는 우리에게 찾아와서 자신이 이해하지 못한 부분을 자발적으로 묻고 가는 열성적인 이들도 생겨났다. 레오나르도는 사람들이 질문했던 부분을 모아서 이후에 소책자를 수정 보완해 더 완벽한 제2판을 발행할 거라며 잔뜩 들떠 있는 요즘이다.

분명 책의 성공은 뿌듯한 일이다. 하지만 내 마음 한편은 나날이 무거워져만 간다. 레오나르도의 집에 묵으며 꽤 많은 날이 지났지만, 여전히 서연이의 소식은 감감하기만 하기 때문이다.

하긴 애초에 서연이가 곁에서 도와주었더라면 그 정도의 책 작업 따위는 그렇게 오래 걸릴 일도 아니었을 테지.

피보나치
수열

I.

들리지 않는 서연이의 행방 탓에 갈 곳도 없이 그대로 레오나르도의 집에 발이 묶여버린 나는 결국 이 집에 머무는 동안 레오나르도의 산반서 본서 개정 작업도 도와주기로 했다. 먹여주고 재워주는 만큼 뭐라도 해야겠다는 마음에.

작업을 위해 전에는 꼼꼼히 보지 않고 넘어갔던 산반서의 후반부를 요즘에는 정독 및 풀이 중이다. 레오나르도 본인조차도 그 풀이법을 모르고 답만 적어놓았던 문제가 상당수라 어쩔 수 없이 문제를 하나하나 다시 푸는 수밖에 없다.

그런데 제12장을 검토하는 중에 인접한 다른 문제들과는 확연히 다른 유형의 문제 하나가 눈에 띈다.

한 쌍의 토끼로부터 일 년에 몇 쌍의 토끼가 태어날까?

어떤 사람이 밀폐된 어떤 장소에서 암수 한 쌍의 토끼를 키운다. 첫째 달에 암컷 토끼가 암수 한 쌍의 새끼를 배고 둘째 달에 낳으며 연달아서 또 암수 한 쌍의 새끼를 밴다고 할 때, 일 년 동안 총 몇 마리의 토끼가 생기는지 구하시오.

이 문제가 흥미롭게 느껴지는 이유는, 얼핏 생각해 보았을 땐 일 년 동안 토끼가 총 22마리[1] 태어난다고 생각하기 쉽지만 조금만 더 깊게 생각해 보면 그렇지 않다는 점이다. 태어난 새끼들도 마찬가지로 계속해서 새끼를 낳을 테니 말이다.

따라서 이 문제를 올바로 이해하기 위한 그림을 그려 보면 다음과 같다.

---

1 2마리×11개월(첫째 달 제외).

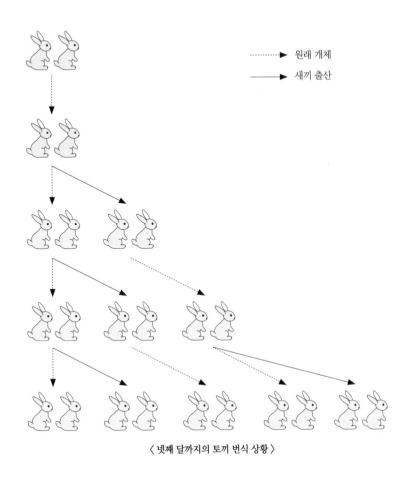

원래 개체

새끼 출산

〈 넷째 달까지의 토끼 번식 상황 〉

이어서 그림을 그려 보고는 다섯째 달에 총 8쌍(16마리)의 토끼가 있음을 알 수 있었다. 하지만 여섯째 달 이후로는 토끼 수가 너무 많아져서 마찬가지 방식으로 그림을 계속하여 그리기는 버겁다는 생각이 들었다. 물론 시간을 무한정 쏟는다면야 가능은 하겠지만.

그렇다면 이후로는 어떻게 풀이해야 할까?

'혹시 토끼 개체 수의 변화를 수식으로 표현할 수는 없을까?'

나는 이 그림에서 어떤 규칙을 포착할 수 있지 않을까 싶어 뚫어져라 그림을 관찰하였다. 가만 보면 토끼 쌍 중에는 그다음 달에 새끼를 낳는 쌍이 있는 반면에 그렇지 않은 쌍도 보인다. 그렇다면 어떤 토끼 쌍에게서는 다음 달에 새끼가 나오고, 어떤 쌍에게서는 새끼가 나오지 않는 걸까?

관찰 끝에 나는 오래지 않아 한 가지 규칙을 파악할 수 있었다. 바로 전달에 점선 화살표를 받았던 토끼 쌍에게서는 다음 달에 새끼가 나오는 반면에 실선 화살표를 받았던 토끼 쌍에게서는 그렇지 않다는 규칙을 말이다.

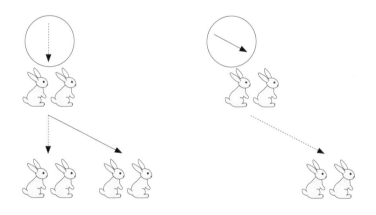

예를 들어서 넷째 달에 점선 화살표를 받았던 토끼 쌍의 수는 3이다. 즉, 다섯째 달의 토끼 쌍은 기존 5쌍에 3쌍을 더한 8쌍이 된다. 마찬가지로 셋째 달에는 점선 화살표를 받았던 토끼 쌍의 수가 2였으므로 넷째 달의 토끼 쌍 수는 기존 3쌍에 2쌍을 더한 5쌍이 되었던 거다.

"어어?!"

내 눈에 또 다른 규칙 하나가 들어왔다. 다섯째 달에 추가되는 토끼 쌍 수는 결국 그 전전달인 셋째 달의 토끼 쌍 수와 같다. 마찬가지로 넷째 달에 추가된 수는 그 전전달인 둘째 달 토끼 쌍 수와 같다!

	토끼 수(쌍)	추가
둘째 달	2	
		+1
셋째 달	3	
		+2
넷째 달	5	
		+3
다섯째 달	8	

나는 곧바로 펜을 들어 다음과 같이 토끼 쌍 수의 변화에 대한 규칙을 서술해 보았다.

n번째 달의 토끼 쌍 수 $= (n-1)$번째 달의 토끼 쌍 수　　　: **기존**

$\qquad\qquad\qquad + (n-2)$번째 달의 토끼 쌍 수　　: **추가**

이 규칙대로라면 토끼 쌍 수는 다음과 같이 전개된다.

첫째 달

1, 1, 2, 3, 5, 8, 13, 21, 34, 55, 89, 144, 233

처음　둘째 달　…　…　　　　　　　　열두째 달

예를 들어 여섯째 달의 토끼 쌍 수는 13인데, 이는 그 전 두 달의 수인 5와 8의 합이다. 마찬가지로 $144+233=377$이므로 만 1년이 지난 시점에서의 토끼 쌍 수는 377, 즉 최종적으로 754마리의 토끼가 있다는 결론을 얻게 된다. 754. 이게 이 문제의 답이다.

뿌듯한 마음으로 종이 위에 한가득 써 내려간 풀이를 다시 한 번 찬찬히 검토해 보았다. 그런데 마지막에 적은 이 수열… 어쩐지 낯이 익다.

$$1, \ 1, \ 2, \ 3, \ 5, \ 8, \ 13, \ 21, \ 34, \ 55, \ \cdots$$

분명히 이와 비슷한 수열을 다른 책 어디선가 보았던 것 같은데 어느 책에서였지?

생각이 여기에 이르자, 느닷없이 예전의 그 어지럼증과 두통이 다시 몰려왔다. 깜짝 놀란 나는 급히 의자 등받이에 몸을 기대고서 고개를 뒤로 젖혔다.

'이 증상은… 틀림없이 내 과거와 연관된…?'

금방이라도 토할 것 같은 어지럼증과 사투를 벌이던 중, 하나의 단어가 강하게 뇌리를 스쳐 지나갔다.

피보나치 수열[2].

---

2 피보나치 수열이란 처음 두 항을 1과 1로 한 후, 그다음 항부터는 바로 앞의 두 개의 항을 더해서 만드는 수열을 말한다. 그러므로 피보나치 수열의 처음 몇 개의 항은 1, 1, 2, 3, 5, 8, 13, 21, 34, …이다. 이 수열에 속한 수를 피보나치 수라 한다.

Ⅱ.

"피보나치요?"

"네! 혹시 그게 레오나르도 님의 별명이라든지?"

"아뇨? 처음 들었습니다. 제 아버지의 별명이 그와 비슷한 보나치[3]
이시긴 하지만."

"아! 산반서 서문의 첫 문구에 쓰였던! 맞죠?"

"아하하. 네. 맞습니다. 보나치의 아들 피사의 레오나르도! 제 아버지
께서 본인의 본명이 제 책에 적히는 건 극구 반대하셨거든요."

흠… 보나치의 아들이라. 혹시 그 문구가 후세에 변형이 되어서 레오
나르도를 피보나치라 부르게 된 걸까?

아무튼 지금 내 기억에 있는 몇 안 되는 수학자 중 하나인 그 피보나
치가 내 앞에 있는 이 사람이란 말이지? 물론 수학자 피보나치가 어떤
사람이었는지는 학교에서 배운 적도 공부한 적도 없으며, 그저 '피보나
치 수열'이라는 수학 용어 하나만 기억하는 것에 불과하지만.

예전에 피타고라스를 만났을 때도 그렇고, 참 적응 안 되는 신기한
느낌이란 말이지. 역사적인 위인을 이렇게 실제로 마주하는 기분이란.

… 가만. 그렇다는 건 이 레오나르도도 나중에는 엄청난 업적들을 남
기는 위대한 수학자가 된다는 건가?!

---

3   보나치(Bonacci)란 '성품이 좋은', '쾌활한' 등의 뜻을 담고 있다. 여담으로 레오나르도 아버지
의 본명은 굴리엘모(Guglielmo)였다.

"저기, 레오나르도 님. 산반서의 제12장에 수록된 토끼 문제 말입니다. 그건 레오나르도 님이 직접 만드신 문제가 맞죠?"

"아아, 토끼 번식 문제 말씀하시는 건가요? 아뇨. 그럴 리가요."

"예!? 그럼?"

"알레시오 님 앞이니 차마 거짓말은 못 하겠네요. 산반서에 수록한 문제들은 사실 대부분이 제가 유학 생활 중에 여기저기서 주워들었던 것들입니다. 토끼 문제도 그중 하나고요."

모르겠다. 그럼 레오나르도는 피보나치가 아닌 건가? 지금 내 앞의 레오나르도는 수학사에 이름을 남긴다고 하더라도, 그 이유가 어떤 독자적인 이론을 많이 발명해서는 아닐 것 같다. 그보다는 차라리 동양의 수학을 서양에 전파했다는 공로로?

적어도 현재까지의 레오나르도를 보았을 때는 무함마드 님이나 히파소스 스승님, 아르키메데스 같은 사람한테서 느꼈던 그 위엄이 느껴지지는 않는단 말이지….

"그런데 그 문제는 갑자기 왜 물으시는 거죠? 혹시 무슨 오류라도 있었습니까?"

"아, 아뇨. 그냥 좀 참신한 문제였다고 생각돼서요."

"역시 그렇게 느끼셨군요. 참 재미난 규칙이죠. 예측할 수 없는 규칙이라는 점이 더 매력적이고요."

"예측할 수 없다니요?"

"아! 물론 앞의 두 수를 알면 그 둘을 더해서 다음 수를 알아낼 수는 있지만, 만약에 백 번째 등장하는 수가 몇이냐? 이백 번째 등장하는 수는 몇이냐? 하는 식으로 갑자기 한참 뒤의 수를 물어본다면 곧장 대답하긴 곤란하지 않겠습니까? 그러니까 규칙을 안다고 해도 사실상 우리는 예측할 수 없는 수열이란 말이죠."

레오나르도의 말이 무슨 의미인지는 알겠다. 쉽게 말해서 피보나치 수열의 일반항[4]을 알 수 없다는 얘기인 거지. 그러니까 피보나치 수열의 백 번째 수를 알아내기 위해서는 1, 1, 2, 3, 5, 8, 13, ⋯ 이런 식으로 앞에서부터 하나하나 그 수를 나열하여 백 번째까지 힘들게 구해내는 방법밖에 없다는 얘기고.

⋯ 그런데 정말로 그럴까? 나는 왠지 일반항을 만들 수 있을 것 같은데? 이따 방에 돌아가서 연구 좀 해볼까?

III.

1, 1, 2, 3, 5, 8, 13, 21, 34, 55, 89, 144, 233, 377, 610, ⋯

피보나치 수열은 그 성질상 뒤로 갈수록 수의 크기가 엄청나게 커진

---

4   248쪽 참고.

다. 610의 다음 수는 987, 그다음은 1597. 이런 식으로 계속 커지다 보면 아까 레오나르도가 말했던 백 번째 수쯤에 이르렀을 때는 종이 한 장에 다 적을 수 없을 정도로 수가 커질지도.

… 아니다. 그렇다고 해서 수가 커지는 양상이 한도 끝도 없이 커진다는 느낌은 또 아니긴 하다. 좀 더 구체적으로 그 커지는 비율을 따져보자면, 뒤에 나오는 수가 대략 그 바로 앞의 수보다 두 배쯤? 아니, 두 배보다는 살짝 작은 정도로 커지는?

두 배 좀 안 되는 비율로 커짐.

$\cdots, 5, 8, 13, 21, 34, 55, \cdots$

아아! 그건 당연하겠구나. 연속하는 세 피보나치 수가 있을 때, 첫 번째 수는 두 번째 수보다 항상 작으니까!

피보나치 수열 $\cdots, a, b, c, \cdots$ 에서
$$b > a \Rightarrow b + b > b + a$$
$$\Rightarrow 2b > c \quad (\text{왜냐하면 } a + b = c)$$

혹시 이 수가 커지는 비율이 피보나치 수열의 일반항을 알아내는 열쇠가 되는 건 아닐까?

펜을 들어 피보나치 수가 커지는 비율을 정확히 계산해 보기로 했다. 다만, 앞에서부터 몇 개의 항은 굳이 손으로 직접 계산해 보지 않아도

그 비율이 바로 보이니까, 네 번째 그리고 다섯 번째 수인 3과 5부터 시작한다.

$$\frac{5}{3} = 1.666\cdots \fallingdotseq \mathbf{1.667}$$

$$\frac{8}{5} = \mathbf{1.6}$$

$$\frac{13}{8} = \mathbf{1.625}$$

$$\frac{21}{13} = 1.61538\cdots \fallingdotseq \mathbf{1.615}$$

$$\frac{34}{13} = 1.61904\cdots \fallingdotseq \mathbf{1.619}$$

쭉 계산해 보니 신기하게도 그 커지는 비율이 대략 1.6과 1.7 사이에서 유지되는 양상이 눈에 보인다. 이후로도 계속 이럴까?

$$\frac{55}{34} = 1.61764\cdots \fallingdotseq \mathbf{1.618}$$

$$\frac{89}{55} = 1.61818\cdots \fallingdotseq \mathbf{1.618}$$

다음의 두 비율은 아예 1.618 정도의 값으로 거의 동일한 값이 연속해서 나오는 걸 보고, 난 소름이 쫙 돋았다. 설마…?

$$\frac{144}{89} = 1.61797\cdots \fallingdotseq \mathbf{1.618}$$

그다음의 비율도 또 1.618이다!

나는 책상 위에 펜을 탁 하고 떨궜다. 두근거리는 가슴을 애써 진정시키며 여태까지 계산했던 내용을 검토해 보았다. 하지만 계산에서 틀린 부분은 딱히 보이지 않는다.

나의 가설: 피보나치 수는 약 1.618이라는 비율로 커진다!

이 가설을 입증하기 위해서 이번에는 거꾸로 이 1.618이라는 비율을 피보나치 수에 곱해서 그다음 피보나치 수가 나오는지 확인해 본다. 우선 12번째 피보나치 수인 144부터.

$$144 \times 1.618 = 232.992 ≒ 233$$

233은 정확하게 피보나치 수열의 열세 번째 항이다! 그리고

$$233 \times 1.618 = 376.994 ≒ 377$$

같은 방법으로 열네 번째 수인 377 역시 유도된다는 사실을 확인한 나는 마음속으로 '유레카!'를 크게 외치며 자리에서 벌떡 일어났다.

게다가 1.618이라니…. 이 수는 분명…!

나는 뛰듯이 책장 앞으로 걸어가 고대 그리스의 수학 서적들을 눈에 보이는 대로 쓸어 담았다.

IV.

의자에 앉아서 가져온 책들을 하나하나 훑어보았다. 역시 그리 어렵지 않게 책 곳곳에서 1.618을 찾을 수 있었다.

우선은 유클리드 선생님의 원론 제2권. 여기에는 이 수가 '하나의 선분을 크고 작은 두 개로 나누고, 작은 쪽의 선분과 전체 선분으로 된 직사각형의 넓이와 큰 선분으로 된 정사각형의 넓이가 같게 되는 비'를 찾는 문제의 답으로서 제시되어 있다.

즉, 임의로 주어진 선분 *AB*와 이를 분할하는 점 *C*에 대해서 다음과 같이 1.618이라는 수가 유도된다.

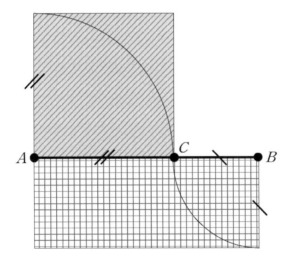

- 위의 정사각형 넓이 $= \overline{AC}^2$

  아래의 직사각형 넓이 $= \overline{AB} \times \overline{CB}$

- 두 사각형의 넓이가 같다고 하자. 즉, $\overline{AC}^2 = \overline{AB} \times \overline{CB}$

- 이제 $\overline{CB} = 1$, $\overline{AC} = x$라 하자.

  그러면 $\overline{AC}^2 = x^2$, $\overline{AB} = \overline{AC} + \overline{CB} = x + 1$이므로

  $$\overline{AC}^2 = \overline{AC} \times \overline{CB} \Rightarrow x^2 = (x+1) \times 1 = x+1$$

  $$\Rightarrow x^2 - x - 1 = 0$$

  $$\Rightarrow x = \frac{1 \pm \sqrt{5}}{2} \quad \text{(근의 공식에 의해)}$$

- $\sqrt{5} \fallingdotseq 2.236$이므로 $x \fallingdotseq \frac{1 \pm 2.236}{2} = 1.618$ 또는 -0.618

  이때 x는 선분의 길이로서 양수 값을 가지므로 $x \fallingdotseq \mathbf{1.618}$

또한, 피타고라스학파의 수학책에서는 이 1.618이란 수가 다음과 같이 소개되었다.

정오각형 속의 별 모양을 자세히 보면 제일 긴 선과 그다음 긴 선의 길이의 비가 약 1.618이다. 또 그 선으로부터 그다음 긴 선의 길이의 비도 약 1.618이며, 정오각형의 내부에 대각선을 계속 잡아도 항상 같은 비가 나타난다.[5]

5　증명은 251쪽 참고.

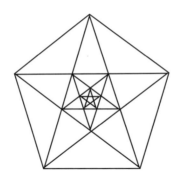

일찍이 에우독소스는 이 변하지 않는 아름다움을 지닌 비를 황금과 같다 하여 '황금비'라 불렀으며, 플라톤은 이 비가 '이 세상 삼라만상을 지배하는 힘의 비밀을 푸는 열쇠'라고도 하였다.

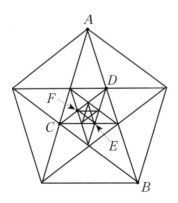

- $\overline{AB} : \overline{BC} ≒ 1.618 : 1$
- $\overline{BC} : \overline{CD} ≒ 1.618 : 1$
- $\overline{CD} : \overline{DE} ≒ 1.618 : 1$
- $\overline{DE} : \overline{EF} ≒ 1.618 : 1$
- ⋯ (마찬가지로 계속 이어짐.)

원론에서 이 수가 쓰인 걸 봤던 건 내가 이아손이었던 시절이었고, 피타고라스학파의 서적에 이 수가 쓰인 걸 봤던 건 내가 아미르였던 시절이었다. 그런데 알레시오인 지금, 산반서에서 또다시 이 수를 보게 된다니. 정말로 피타고라스학파의 설명처럼 어딘지 신비한 느낌도 들고, 과연 '황금비'라는 이름이 붙을 만한 독특한 비라는 생각도 든다.

그런데 잠깐만… 뭐 이번에는 '황금비'라고?! 그리고 보니 그저 독특한 이름이라기보다는 어딘가 또 익숙한 그런 용어인데?

설마 이것도 내가 중고등학교 시절에 배운 내용일까?

기억을 떠올리기 위해 정신을 집중해 보았다. 하지만 어쩐지 그 시절과 연관된 듯한 묘한 느낌인 데 반해, 이번에는 이렇다 할 뚜렷한 장면이 떠오르지는 않는다. 으레 찾아오던 그 어지럼증도 안 느껴지고.

… 하긴. 피보나치 수열과 밀접한 연관이 있는 수라면 그 당시에 한번쯤 들어봤을 테지. 기억이 잘 나지 않는 이유는 아마도 당시에 내가 공부를 소홀히 했던 탓일 거고.

하여튼 그때 당시의 나란 놈은 생각하면 생각할수록 참 한심하기 짝이 없단 말이지.

가벼운 한숨을 길게 내쉬고서 고개를 돌려 창밖을 보니 어느덧 해가 뉘엿뉘엿 넘어가려 하고 있었다. 나는 피보나치 수열로부터 시작해서 황금비까지 온, 이 짧지 않은 의식의 흐름을 갈무리하며 산반서 개정본의 빈 원고를 채워나갔다.

V.

"넉넉하게 다음 달이면 출간할 수 있을 거란 말씀이시군요?"

"네. 이 정도로 검토했으면 절대 큰 오류는 안 나올 겁니다. 하하."

나와 레오나르도는 집 앞 정원에서 그라파[6]를 한 잔씩 하며 이야기를 나누는 중이다.

"이번에 출간할 때에는 공동 저자로 알레시오 님의 이름을 함께 올리려 합니다. 이 책에서 알레시오 님이 맡으신 분량은 사실상 제 분량 그 이상이라 봐도 무방하니까요."

"네?! 아니 그래도 공동 저자까지는…. 일단 책의 원저자가 분명하게 레오나르도 님이시고 저는 그저 있던 내용을 좀 보완한 정도에 지나지 않는데요."

"하하. 아닙니다. 전혀 그렇지 않습니다. 이미 지금의 산반서는 제가 처음 썼던 것과는 전혀 다른 책이라 보아도 무방하니 말입니다. 며칠 전에 제가 예전 초판본을 다시 봤는데 어떤 기분이 들었는지 아십니까? 마치 어린애가 장난으로 휘갈겨놓은 거 같더라고요. 왜 그 당시에는 그 졸작이 그리도 뿌듯했는지…. 아무튼 알레시오 님께서는 충분히 이 새 책의 수익을 나눠 가지실 자격이 있어요."

"…"

---

6 아랍에서 발달한 증류주인 리큐어(liqueur) 중에서 포도박을 주재료로 한 음료.

"그나저나 저의 한 정보통에 의하면 조만간 이곳 피사에 시칠리아 국왕 페데리코 2세[7]가 방문한다더군요. 이슬람 수학에 관심이 어마어마하다고 소문난 그라면, 어쩌면 우리 책에도 큰 관심을 보일지 모를 일입니다. 알레시오 님께서도 이 정도면 되었다고 하시니 수도원에 부탁해서 출간을 좀 더 서둘겠습니다."

"설마 페데리코 2세의 눈에 들고 싶으신 겁니까? 하여튼 레오나르도 님의 야망이란 대단하네요. 하하."

"저는 수학자 이전에 상인이니까요! 핫핫. 그리고 이제는 저만 좋자고 이러는 것도 아니잖습니까? 알레시오 님도 이제는 저와 한배를 타셨으니까 저의 성공이 곧 알레시오 님의 성공이기도 한 셈이죠!"

성공이라….

"이미 돈도 남부럽지 않게 가지신 레오나르도 님에게 남은 목표는 뭔가요? 명예? 지위?"

"뭐 그런 거창한 것보다도, 일단은 우리가 공들여서 집필한 이 책이 보다 더 많은 사람에게 읽혔으면 합니다. 페데리코 2세 같은 거물이 든든한 후원자만 되어준다면, 그야말로 우리의 등에 커다란 날개가 달리는 격일 테죠!"

"… 유명해질수록 레오나르도 님을 헐뜯으려는 사람들도 넘쳐나게

---

7   프리드리히 2세(1194년~1250년)를 말한다. 호엔슈타우펜 왕조 출신으로는 마지막 신성 로마 제국 황제이며 시칠리아 왕, 독일 국왕, 예루살렘 국왕도 겸했다. 이탈리아 역사계에서는 이탈리아 이름인 페데리코 2세(Federico II)로 부르는 경우가 많다.

될 텐데. 그런 게 두렵지는 않나요?"

"두렵다니요? 저에게는 알레시오 님이라는 아주 든든한 수학자가 곁에 있잖습니까? 전혀요. 겁나지 않습니다."

레오나르도는 호탕하게 웃어 보였다.

글쎄. 다른 문제들은 차치하더라도 유명세를 치르는 건 즐겁기보다는 오히려 부담일 것 같은데…. 우리 책이 정말로 그의 말처럼 성공한다고 해서 과연 나는 행복해질까? 공부하고 연구하며 책을 집필하는 과정이 즐거웠던 건 사실이지만….

"레오나르도 님! 레오나르도 님!"

누군가 뒤에서 허겁지겁 달려오는 소리가 들린다. 돌아보니 다급한 목소리의 주인공은 레오나르도의 하인 마르코였다.

"무슨 일이야?"

레오나르도는 우리 대화의 흐름이 깨진 게 살짝 불쾌했는지 다소 퉁명스러운 말투로 물었다.

"큰일입니다! 헉헉. 집에! 방금 집에!"

"일단 숨 좀 돌리고 차분히 말해. 듣고 있잖아."

진정하라는 레오나르도의 손짓에도 마르코는 여전히 가쁜 숨을 몰아쉬며 다급하게 말을 이었다.

"도둑이! 도둑이 들었습니다! 헉헉. 알레시오 님 방에! 도둑이 빠져나가는 걸 모니카가 발견하고!"

나와 레오나르도는 깜짝 놀란 얼굴로 서로를 바라보았다.

"모두가 쫓았지만, 너무 빨라서 그만 놓치고 말았습니다! 얼른, 얼른 집으로 가 보십시오!"

VI.

집안은 그야말로 난리 통이었다. 다들 없어진 물건이 무엇인지를 파악하고자 분주하게 움직이고 있었다.

"모니카. 침착하게 본 걸 다 얘기해 봐. 처음부터 끝까지."

레오나르도는 최초 목격자라 하는 하녀 모니카를 앞에 세워두고서 물었다.

"예. 그게, 제가 오늘 2층 청소 담당이라 걸레질을 하려고 알레시오 님의 방에 들어갔습니다. 그런데 웬 처음 보는 사람이 방 한가운데에 떡하니 서 있는 겁니다. 저도 너무 깜짝 놀랐죠."

마치 그때의 상황을 대변하듯 모니카의 얼굴은 하얗게 질려 있었다.

"그래서?"

"누구냐고 물었죠. 그런데 아무런 답도 하지 않는 거예요. 그 순간 저는 도둑이라는 생각이 딱 들었습니다. 그래서 '도둑이야!'라고 큰 소리를 쳤고요. 그 사람은 놀라서 몇 번 뒷걸음을 치더니 그대로 창문으로 뛰어가더라고요."

"설마! 2층에서 창문으로 뛰어내렸다고?!"

"네! 차마 저는 뒤따라서 뛰어내릴 용기가 나지 않아서…. 그리고 제

소리를 듣고 올라온 남자들도 뒤늦게 밖으로 나가 그녀를 뒤쫓아갔지만, 너무나도 빨라서 놓쳐버렸다고 하더라고요."

"그녀라니? 여자였다는 말이야?"

"네. 체격도 그렇고 천으로 눈 밑을 가리기는 했지만, 눈매도 그렇고요. 보이는 분위기도…. 저는 분명히 여자였다고 확신합니다. 레오나르도 님."

모니카는 자신이 본 그 사람의 체격을 허공에 어림잡아 그려가며 부연 설명을 했다.

그때 이 집의 하인들을 관리하는 집사 파비오가 대화 사이에 끼어들었다.

"레오나르도 님. 아무래도 값나가는 장신구나 장식품 중에서는 사라진 게 없는 듯한데요."

"그건 또 무슨 소리죠? 이거 참…. 그 사람이 정말 도둑이긴 한 겁니까?"

그 순간 나는 불현듯이 짚이는 바가 있어 빠른 걸음으로 방 안에 들어갔다.

"… 역시… 사라졌어!"

뒤를 따라 헐레벌떡 들어온 레오나르도에게 나는 소리쳤다.

"산반서! 우리가 쓴 산반서의 개정본이 없어졌습니다! 완성본뿐만 아니라 습작들까지도 전부!"

레오나르도는 다리에 힘이 풀린 듯 벽을 짚고서 휘청거렸다.

페데리코의
시험

I.

마무리 단계였던 산반서 개정본 작업이 도난 사건으로 인해 수포로 돌아간 이후, 아쉬움을 뒤로한 채 레오나르도는 계획되어 있던 자신의 또 다른 본업을 위해 뱃길에 올랐다. 세 개의 교역소만 들르는 비교적 짧은 여정이니 금방 돌아올 거라며 그는 내게 자신의 집에서 기다려달라 했다. 어차피 오갈 데 없는 떠돌이 신세인 나에게는 별다른 선택지가 없었다.

집에 상주하는 하인들의 과분한 대접과 내 방에 비치된 수많은 수학책 덕분에 시간은 쏜살같이 지나갔고, 어느새 오늘 레오나르도가 업무를 마치고 집에 돌아온다.

간단한 점심 식사를 마친 나는 집 앞 정원에 나와서 그를 기다렸다. 이윽고 웅성거리는 소리와 함께 골목 정면으로 레오나르도와 그를 따르는 짐꾼들이 들어서는 게 보였다.

나는 앉은 자리에서 일어나 손을 흔들었다. 나를 본 레오나르도는 활짝 웃으며 나를 향해 손을 흔들었다.

"이게 얼마 만입니까! 알레시오 님!"

"먼 길 다녀오시느라 수고하셨습니다. 레오나르도 님."

우리는 반가움의 포옹을 했다. 지난 여정을 대변하듯 그의 얼굴은 거 뭇거뭇하게 탔고 옷에서는 바다 냄새가 물씬 풍긴다.

"그동안 하인들이 말썽을 부리지는 않았는지요?"

"오히려 너무나 극진한 대접을 받은 덕에 정말 편하게 지냈는걸요. 뭐 밥값만 축내서 죄송할 지경이었네요."

"아하하. 정말로 그런 마음이시면 이참에 산반서나 함께 다시 쓰는 건 어떻습니까?"

능글맞게 웃던 레오나르도는 대답에 뜸을 들이는 내 팔을 가볍게 툭 치며 말을 이었다.

"농담입니다, 농담! 부담을 드릴 생각은 전혀 없으니까요. 산반서가 아니어도 알레시오 님과 급히 얘기해야 할 게 또 생겼거든요."

"예? 저랑 급히 얘기할 거? 그게 뭡니까?"

"아하핫. 일단은 안에 들어가서 얘기하실까요?"

레오나르도는 밝은 표정으로 한 걸음 앞서 걸어갔다. 집 문 앞에는 어느새 모든 하인이 나와서 교역을 갓 마치고 돌아온 자신들의 주인을 반기고 있었다.

어딘가 가볍게 들떠 있는 발걸음으로 레오나르도는 자신의 공부방에 날 인도했다. 그동안의 일을 보고하기 위해 뒤따라온 집사 파비오에게 도 나중에 다시 오라며 돌려보내는 것을 보면 꽤 시급한 일인 모양이다,

둘만 남겨진 방 안에서 그는 메고 있던 가방에 손을 넣어 돌돌 만 종이 하나를 꺼내 펼쳐 보였다.

"알레시오 님! 이게 뭔지 아십니까?"

"흐음… 뭔가 잔뜩 쓰여 있네요. 뭔데요 그게?"

"바로 바로! 페데리코 2세의 곁으로 갈 수 있는 절호의 기회입니다!"

"?"

레오나르도는 잔뜩 신이 나서는 어깨춤까지 덩실덩실 추며 내게로 와 종이를 내밀었다. 나는 그걸 받아서 빠른 속도로 내용을 훑어보았다.

"… 수학 문제들이네요?"

"예! 사실 페데리코의 궁정 학자 중에서 요하네스라고 오랜 친구가 한 명 있습니다. 일전에 말씀드린 정보통 중의 하나죠. 이번 항해 때 일부러 짬을 내서 그를 좀 만나고 왔는데, 때마침 페데리코 왕이 유능한 수학자를 모집하기 위해서 그에게 시험지 제작을 맡겼다지 뭡니까?! 그 시험지가 바로 이겁니다. 갓 만들어진 시험지 하나를 제가 이렇게 얻어왔지요."

"오오. 그럼 이게 일종의 등용 시험 같은 건가 보군요?"

"그 정도가 아닙니다! 제 친구의 말로는 단순히 관리를 뽑으려는 의도가 아니라, 왕이 자신의 측근으로 두려는 의도가 더 크다고 했으니까요. 뭐, 워낙 학문에 관심이 많은 괴짜 왕이니까요."

"하하. 참 바람직한 괴짜시네요."

"아무튼, 조만간에 이 시험지는 세계 각지에서 명성을 얻고 있는 수학자들에게 은밀히 전달될 거랍니다. 운 좋게도 저는 남들보다 더 빨리

이 시험지를 받은 거고요!"

"엥? 그럼 이건 좀 반칙 아닙니까? 레오나르도 님께서도 그 수학자 목록에 포함되어 있었던 건가요?"

"이렇게 받아왔으니 이제는 포함이 된 거죠. 그리고 이게 왜 반칙입니까? 반칙이었으면 요하네스가 아무리 제 친구라 해도 이렇게 순순히 줬을 리가요. 처자식도 있는 사람이 그런 위험을 감수했을 리가 없죠. 어쨌든 저는 남들보다 며칠 더 빨리 유리한 상황으로 시작하게 된 만큼 이번 기회 꼭 잡을 겁니다!"

"빨리 풀어서 제출할수록 유리한 시험인가 보네요?"

"그런 말까지는 못 들었지만 아무래도 당연히 그렇지 않겠습니까? 물론 답안의 내용도 훌륭해야겠지만 말이죠."

"가만… 그렇다면 레오나르도 님이 제게 급히 할 얘기가 생기셨다는 건…?"

"생각하시는 바로 그겁니다. 알레시오 님. 이 문제들의 풀이를 좀 도와주십시오!"

정말 당연하게 그리고 해맑게 부탁하는 레오나르도를 보고서 나는 헛웃음이 터지고 말았다.

"아니, 아무리 그래도 레오나르도 님. 이런 거야말로 직접 하셔야만 하는 거 아닙니까? 다른 사람이 대신 작성한 답이란 걸 들키기라도 하면 그 뒷감당을 어떻게 하시게요?"

"에이, 무슨 그런 순진한 말씀을 하십니까? 다른 수학자들은 아마 가문 단위로 달려들 텐데요. 당연하죠! 자기 실력에 아무리 자신 있는 수학자라 하더라도 혼자서 이런 중요한 문제를 해결하겠다는 건 그야말로 어리석은 겁니다. 모두 다 다른 사람들의 도움을 받아서 답안을 작성할 거라고요. 그리고 저와 알레시오 님은 이미 한배를 탄 운명의 공동체 아닙니까? 아하하.”

… 하긴. 당장에 자신이 못 푸는 문제일지라도 주변의 도움을 받아 어떻게든 해결해 내는 것 또한 그 사람의 능력이라면 능력이겠지. 그리고 만약 이 시험의 의도가 단순히 어떤 한 개인의 지식수준을 시험하고자 하는 거였다면, 이런 식으로 시험지를 배포할 게 아니라 일시를 정해 한 장소에 모이게 하여 시험을 치렀을 테고.

어찌 됐든 지금 난 이 집에서 그저 밥이나 축내는 처지이니 이런 식으로라도 도움될 일을 하긴 해야겠지.

그런데 내가 풀 수 있기는 한 문제들일까? 그래도 명색이 대국의 왕이 주관한 시험인데 만만한 문제들은 아닐 거 같은데.

나는 종이에 쓰인 문제들을 다시 찬찬히 읽어 보았다.

II.

페데리코 2세의 시험 문항은 총 세 개다.

[I] 어떤 수의 제곱은 다른 수의 제곱에서 다섯을 뺀 값과 같다. 그리

고 또 다른 수의 제곱에서는 다섯을 더한 값과 같다. 이때 서로 다른 세 수의 값을 모두 구하여라.

[II] 어떤 수를 세제곱한 값, 제곱 후에 두 배를 한 값, 열 배를 한 값을 모두 더한 값은 정확히 스물과 같다. 이때 그 어떤 수를 구하여라.

[III] 세 명의 사람이 돈더미를 갖고 있으며 각자의 몫은 절반, 셋 중 하나, 여섯 중 하나씩이었다. 이제 각자 이 돈더미에서 적당하게 돈을 남김없이 모두 가져간다. 그리고서 첫 번째 사람은 자신이 가져간 금액의 절반을, 두 번째 사람은 셋 중 하나를, 세 번째 사람은 여섯 중 하나를 반환한다. 그렇게 반환된 총액을 셋이서 또다시 균등히 분배하였을 때, 처음 그들의 몫대로 정확히 분배가 이루어졌다. 이때 처음에 있었던 돈 더미는 얼마였겠는가? 그리고 각자 얼마씩을 가져갔겠는가?

페데리코 왕이 이슬람 수학에 심취해 있다더니 아니나 다를까 문제를 서술한 방식이 내 눈에 너무나 익숙하다. 기호와 특수 문자의 사용을 최대로 배제한, 그야말로 무함마드 알콰리즈미 님의 정신이 고스란히 느껴지는 듯한 문장들이 아닌가.

아, 물론 나는 무함마드 알콰리즈미 님의 그 정신을 존중한다. 어디까지나 머리로는 말이다. 하지만 이처럼 도저히 어떤 내용인지 한눈에 들어오지 않는 불편함을 마주할 때면, 차마 그에 마음으로까지 동의하지는 못하겠다.

펜을 꺼내어 문제 내용을 알아보기 쉽게 수식으로 정리해 보았다. 우선 1번과 2번 문제를 수식으로 옮겨 적으면 다음과 같다.

Ⅰ. $x^2 = y^2 - 5 = z^2 + 5$ 일때 x, y, z는?

Ⅱ. $x^3 + 2x^2 + 10x = 20$ 일때 x는?

이것 보라. 얼마나 깔끔하고 보기 좋은지! 수식 만세!

하지만 1, 2번 문제와는 다르게 3번 문제는 한눈에 봐도 간단하게 한 두 줄로 정리될 만한 내용이 아니다. 그래서 난 변수를 하나하나 설정해 가며 문장을 번역하듯이 한 줄 한 줄 수식으로 옮기기로 했다.

• 세 명의 사람이 돈더미를 갖고 있으며 각자의 몫은 절반, 셋 중 하나, 여섯 중 하나씩이었다.

⇨ 돈더미의 총액 $= S$ ⇒ 각자의 몫은 $\dfrac{S}{2}, \dfrac{S}{3}, \dfrac{S}{6}$

• 각자 이 돈더미에서 적당하게 돈을 남김없이 모두 가져간다.

⇨ 각자 가져간 돈을 a, b, c라 하면 $S = a + b + c$

• 첫 번째 사람은 자신이 가져간 금액의 절반을, 두 번째 사람은 셋 중 하나를, 세 번째 사람은 여섯 중 하나를 반환한다.

⇨ 각자 가져간 돈이 a, b, c였으니, 각자 반환한 금액은 각각 $\dfrac{a}{2}, \dfrac{b}{3}, \dfrac{c}{6}$이다. 그러면 각자 반환하지 않고 가진 금액은 $a - \dfrac{a}{2}, b - \dfrac{b}{3}, c - \dfrac{c}{6}$, 즉 $\dfrac{a}{2}, \dfrac{2b}{3}, \dfrac{5c}{6}$ 씩이다.

• 그렇게 반환된 총액을 셋이서 또다시 균등히 분배하였을 때,

211

⇨ 반환된 총액은 $\dfrac{a}{2}+\dfrac{b}{3}+\dfrac{c}{6}$이고, 이걸 셋이서 균등하게 나누었으니까 각자 분배받은 금액은 $\dfrac{\frac{a}{2}+\frac{b}{3}+\frac{c}{6}}{3}=\dfrac{a}{6}+\dfrac{b}{9}+\dfrac{c}{18}$ 이다.

• 처음 그들의 몫대로 분배가 이루어졌다.

⇨ 최종적으로 각자가 갖는 돈은 다음과 같다.

	반환하지 않고 갖고 있던 돈	분배받은 돈	총액
첫 번째 사람	$\dfrac{a}{2}\left(=\dfrac{3a}{6}\right)$	$\dfrac{a}{6}+\dfrac{b}{9}+\dfrac{c}{18}$	$\dfrac{4a}{6}+\dfrac{b}{9}+\dfrac{c}{18}$
두 번째 사람	$\dfrac{2b}{3}\left(=\dfrac{6b}{9}\right)$	$\dfrac{a}{6}+\dfrac{b}{9}+\dfrac{c}{18}$	$\dfrac{a}{6}+\dfrac{7b}{9}+\dfrac{c}{18}$
세 번째 사람	$\dfrac{5c}{6}\left(=\dfrac{15c}{18}\right)$	$\dfrac{a}{6}+\dfrac{b}{9}+\dfrac{c}{18}$	$\dfrac{a}{6}+\dfrac{b}{9}+\dfrac{16c}{18}$

이때 총액이 본래 자신들의 몫과 같다고 하였으니, 첫 번째 사람의 몫이었던 $\dfrac{S}{2}$는 $\dfrac{4a}{6}+\dfrac{b}{9}+\dfrac{c}{18}$와, 두 번째 사람의 몫이었던 $\dfrac{S}{3}$은 $\dfrac{a}{6}+\dfrac{7b}{9}+\dfrac{c}{18}$와, 마찬가지로 세 번째 사람의 몫이었던 $\dfrac{S}{6}$은 $\dfrac{a}{6}+\dfrac{b}{9}+\dfrac{16c}{18}$와 같다.

문제 해석은 끝났다. 이제 내가 해결해야 할 식을 추려 보니 다음 네 개의 방정식이다.

$$S = a+b+c$$
$$\frac{S}{2} = \frac{4a}{6}+\frac{b}{9}+\frac{c}{18}$$
$$\frac{S}{3} = \frac{a}{6}+\frac{7b}{9}+\frac{c}{18}$$
$$\frac{S}{6} = \frac{a}{6}+\frac{b}{9}+\frac{16c}{18}$$

'의외로 간단한데?'

옮겨 적고 나서 든 생각이다. 그냥 네 개의 방정식을 연립하기만 하면 끝나는 문제 아닌가?

일단 나는 첫 번째 식 $S = a + b + c$를 나머지 식들에 대입하여 전개해 보았다.

$$\frac{a+b+c}{2} = \frac{4a}{6} + \frac{b}{9} + \frac{c}{18} \;\Rightarrow\; \left(\frac{4}{6} - \frac{1}{2}\right)a + \left(\frac{1}{9} - \frac{1}{2}\right)b + \left(\frac{1}{18} - \frac{1}{2}\right)c = 0$$
$$\Rightarrow\; \frac{1}{6}a - \frac{7}{18}b - \frac{8}{18}c = 0$$
$$\Rightarrow\; \mathbf{3a - 7b - 8c = 0}$$

$$\frac{a+b+c}{3} = \frac{a}{6} + \frac{7b}{9} + \frac{c}{18} \;\Rightarrow\; \left(\frac{1}{6} - \frac{1}{3}\right)a + \left(\frac{7}{9} - \frac{1}{3}\right)b + \left(\frac{1}{18} - \frac{1}{3}\right)c = 0$$
$$\Rightarrow\; -\frac{1}{6}a + \frac{4}{9}b - \frac{5}{18}c = 0$$
$$\Rightarrow\; \mathbf{-3a + 8b - 5c = 0}$$

$$\frac{a+b+c}{6} = \frac{a}{6} + \frac{b}{9} + \frac{16c}{18} \;\Rightarrow\; \left(\frac{1}{6} - \frac{1}{6}\right)a + \left(\frac{1}{9} - \frac{1}{6}\right)b + \left(\frac{16}{18} - \frac{1}{6}\right)c = 0$$
$$\Rightarrow\; -\frac{1}{18}b + \frac{13}{18}c = 0$$
$$\Rightarrow\; \mathbf{-b + 13c = 0}$$

따라서 다음 세 개의 방정식을 연립하면 된다.

$$3a - 7b - 8c = 0$$
$$-3a + 8b - 5c = 0$$
$$-b + 13c = 0$$

세 번째 식으로부터 $b = 13c$를 나머지 두 식에 대입하면,

$$3a - 91c - 8c = 3a - 99c = 0 \quad \Rightarrow \quad \boldsymbol{a = 33c}$$
$$-3a + 104c - 5c = -3a + 99c = 0 \quad \Rightarrow \quad \boldsymbol{a = 33c}$$

어? 잠깐만···. 이거 두 식의 결과가 모두 $a = 33c$로 같잖아? 이래서는 안 되는데. 혹시 전개 과정에서 틀린 부분이 있었나?

다시 처음으로 돌아가 여태까지의 풀이 과정을 꼼꼼히 살펴보았다. 하지만 딱히 틀린 부분은 보이지 않는다.

'아하, 이게 이 문제의 함정이라는 건가?'

나도 모르게 피식 웃음이 나왔다. 살짝 당황하기는 했지만, 아미르였던 시절에 이미 디오판토스의 『산법』도 공부했던 나에게는 그리 참신한 문제랄 것도 아니기 때문이다.

$$a = \boldsymbol{33c}$$
$$b = \boldsymbol{13c}$$
$$\boldsymbol{S} = a + b + c = 33c + 13c + c = \boldsymbol{47c}$$

결국 이 문제의 핵심은 답이 딱 하나로 정해지지 않는다는 사실이다. 만약에 $c = 1$이라면 $a = 33$, $b = 13$, $S = 47$이 되고(이것이 이 문제의 가장 작은 자연수 쌍 해다) $c = 2$라고 하면 $a = 66$, $b = 26$, $S = 94$가 된다. 결론적으로 이 문제의 답은 무수히 많다.

이런 연립방정식의 경우에는 답을 아예 변수로 제시하는 게 좋다. 이

문제의 경우는 위에 쓴 것처럼 '세 번째 사람이 처음에 가져간 금액'을 기준으로 정리하는 편이 간단해서 보기에 좋을 거다.

세 번째 사람이 가져간 금액을 기준으로 첫 번째 사람은 그 33배, 두 번째 사람은 13배, 처음에 있던 돈더미는 47배다.

답을 냈다. 하지만 뿌듯하기보다는 좀 허무하다. 어쩌다 보니 가장 어려운 줄만 알았던 세 번째 문제를 가장 먼저 해결해버린 것이다. 그것도 그리 어렵지 않게.

Ⅲ.

"이건 참… 너무 대단합니다."

3번 문제 풀이에 대한 내 설명을 모두 들은 레오나르도는 한참 동안 조용히 풀이를 복기하였다.

"고도의 수학 지식이 문장 문장마다 빼곡히 응집해서 더없이 간결하고 빈틈없는, 그야말로 아름다운 풀이가 만들어졌군요! 이건… 그야말로 예술 아닙니까?"

"그런 과찬을 받을 만한 답은 아닙니다. 레오나르도 님께서도 충분히 푸실 수 있는 문제였을 걸요? 아마 페데리코 왕이나 레오나르도 님의 그 친구분이 그다지 어렵지 않은 문제들로…"

"아닙니다. 분명히 어려운 문제가 맞습니다. 알레시오 님은 때로 필요 이상으로 너무 겸손하신데, 솔직히 이 풀이는 제 능력을 한참 넘어선 풀이에요. 물론 시간을 들이면 결국엔 저도 풀 수 있었을지 몰라도, 이렇게까지 간결하고 또 아름다운 풀이는 못 했을 겁니다."

"그, 그런가요? 하하…."

그의 말에 어깨가 자꾸 으쓱해지지만, 내색하지 않으려 애썼다.

"그래서 오히려 문제입니다. 이렇게 금방 풀어주시니 매우 기쁘고 또 감사하지만도, 이것은 제가 구사할 수 있는 수준과 너무 달라서요. 양심상 차마 이대로는 제출하지 못할 거 같네요."

"힘을 합쳐 문제를 풀고 빨리 제출하는 게 레오나르도 님의 전략 아니었나요? 이미 풀이한 걸 또 푸시려고요?"

내 말을 들은 레오나르도는 입술을 잘근잘근 씹으며 한참 고민하더니 다시 입을 열었다.

"그건 또 알레시오 님의 말씀이 맞네요. 표현만 저에게 익숙한 방식으로 적당히 바꾸든지 해야겠습니다. 그런데 알레시오 님. 문득 든 생각이 이러다간 어쩌면 제 지분이 전혀 없는 답안이 돼버릴 수도 있을 것 같아서 말입니다. 핫하하…. 3번 문제는 풀어주셨으니까 1번과 2번 문제는 일단 제가 먼저 풀이해 보겠습니다. 알레시오 님께서는 우선은 가만히 계시다가 제가 도움을 요청하면 그때 다시 도와주실 수 있으신가요?"

"뭐, 저야 상관없기는 한데. 굳이 그럴 필요까지 있나요?"

"제가 그래도 명색이 얼굴 대표인데, 못해도 한 문제 정도는 순수하게 제 분량도 있어야 하지 않겠습니까? 그렇다고 알레시오 님과 경쟁해서는 제가 도저히 못 이길 것 같아서 말이죠."

"네? 아니, 뭐 나머지 두 개도 꼭 제가 먼저 풀 거라는 보장도 없는데."

나는 말을 멈추었다. 그의 눈빛이 마치 내게 처음 산반서의 공동 작업을 제안했던 그때처럼 총명하게 빛나고 있었기 때문이다. 나의 답안을 보고서 자극이라도 받은 걸까.

"알겠습니다. 그러면 저는 다른 공부를 좀 하고 있을 테니, 제 힘이 필요하시면 언제든지 알려주세요."

"예! 새삼 제 곁에 알레시오 님이 계시니 감사한 마음입니다. 더없이 든든합니다!"

그의 부드럽지만 당당한 표정을 보며 나는 문득 그가 정말로 자존감 높은 사람이라는 생각이 들었다. 나는 저렇게까지 진심으로 내 동료를 인정하면서도 동시에 기죽지 않고 동료를 대할 수가 있을까? 아니, 그전에 일단 내가 동료를 저렇게나 진심으로 인정했던 적이 있기는 했던가?

자존심과 자존감은 엄연히 다른 건데, 자존심만 세웠던 것 같은 과거의 내 모습과는 상반되는 레오나르도의 모습을 보고 있자니, 한편으로는 그가 참으로 닮고 싶은 멋진 사람이라는 생각마저 들었다.

… 이런 걸까? 여러 삶을 거쳐오면서 축적한 수학 지식은 분명 내가 현재의 레오나르도보다 많을지 모른다. 하지만 그렇다고 해서 내가 그

보다 더 훌륭한 수학자라는 생각은 전혀 들지 않는다.

그러고 보니 히파소스 스승님이 옛날에 내게 그런 가르침도 주셨지. 본디 학문이란 스스로가 정진하는 데에 그 의의가 있는 것이며 자신이 아닌 다른 누군가와 견주기 위한 수단이 아니라고. 그 당시에는 그냥 그러려니 넘겼던 그 가르침의 의미를 이제야 비로소 조금 알 것만 같다.

V.

한가로이 침대 위에 누워 아침부터 내리기 시작한 창밖의 빗소리를 듣는다. 이 집은 다 좋은데 창이 좀만 더 넓었으면 좋았을 거 같다. 시야가 좀 더 탁 트이게 말이다.

멍하니 있다 보니 문득 페데리코 왕의 나머지 시험 문제들이 떠오른다. 물론 나는 이제 레오나르도에게 풀이를 맡긴 후로 한 발 뺀 입장이지만 여전히 궁금하기는 하다. 페데리코 왕의 나머지 두 문항의 출제 의도는 무엇이었을지.

I. $x^2 = y^2 - 5 = z^2 + 5$ 일때 x, y, z는?

II. $x^3 + 2x^2 + 10x = 20$ 일때 x는?

1번 문제는 별생각 없이 푼다면 사실 그야말로 너무나 쉬운 문제다.

3번 문제와 마찬가지로 그냥 답이 하나로 딱 정해지지 않는 부정방정식일 뿐이니까.

만약 $x=5$라고 해보자. 그러면 $y^2=x^2+5=5^2+5=30$이므로 $y=\pm\sqrt{30}$이다. 그리고 $z^2=x^2-5=5^2-5=20$이므로 $z=\pm\sqrt{20}$이다. 만약 $x=4$라고 한다면 마찬가지로 $y=\pm\sqrt{21}$, $z=\pm\sqrt{11}$가 되고 말이다.

그러니 그 출제 의도가 궁금하지 않을 수 없다. 그냥 3번 문제처럼 부정방정식을 풀 수 있는지 시험하려는 의도였을까? 하지만 고작 세 개밖에 되지 않는 문제 중에서 무려 두 개나 같은 주제를 택했다는 건 상식적으로 이해가 되지 않는다.

아니면 혹시 이 부정방정식을 만족하는 정수 해(x, y, z가 모두 정수인 답)를 구하라는 의도였던 걸까? 하지만 그런 조건이 문제에 따로 명시되어 있지도 않은 데다가, 허수[1]라면 모를까 지금 시대에 무리수는 이미 보편적으로 쓰이고 있는 개념이기 때문에 애써 그런 식으로 문제 의도를 확대 해석할 이유도 없다.

1번 문제뿐만 아니라 2번 문제도 그 의도가 의아하기는 마찬가지다. 이 문제 역시 얼핏 보면 아주 쉬워 보이는, 그저 평범한 삼차방정식의 해를 묻는 문제로 보인다. 하지만 1번 문제는 '정말로' 쉽게 풀이가 가능

---

1 실수가 아닌 복소수. 일찍이 고대 그리스의 수학자 헤론이 '거듭제곱하여 음수가 되는 수'에 대한 개념을 기록한 바가 있으나, 허수가 본격적으로 다뤄지기 시작한 건 16세기 후반에 이르러서다.

한 문제인 반면에, 2번 문제는 그와 정반대로 결코 쉽게 풀리지 않는 방정식이라는 점에서 다르다.

이차방정식과는 달리 삼차방정식은 적어도 지금 시대까지는 근의 공식이란 게 밝혀지지 않았다. 내가 중고등학생이었던 시절에도 이차방정식의 근의 공식은 달달 암기했었지만, 삼차방정식의 근의 공식은 배우지 않았단 걸 상기해 보면 아마도 그건 먼 미래에도 꽤 어려운 내용이었을 테고 말이다.

아미르였던 시절에 어렴풋이 메나이크모스의 원뿔 곡선론에서 특수한 삼차방정식에 대한 근사해[2]를 구하는 내용 정도는 본 것 같긴 하지만, 이 문제 $x^3 + 2x^2 + 10x = 20$처럼 대놓고 주어진 일반적인 삼차방정식에 대한 해법을 제시한 건 아니었다.

그래서 이 난감한 2번 문제의 해법으로 내가 당장 떠오르는 풀이 방법은 다음 둘 중 하나다.

첫째. 어떻게든(아마도 주먹구구식으로) 이 삼차방정식을 만족하는 근사해를 구하는 방법. 볼품없긴 하겠지만 촌각을 다투는 시험이란 걸 고려하면 사실상 이게 현실적인 방법이다.

둘째는 현재까지 세상에 밝혀지지 않은 새로운 이론으로(삼차방정식의

---

2 근사해란 방정식의 해의 근사(approximation)를 말한다. 현대에도 초월함수로 이루어진 방정식, 비선형 미분방정식 등의 정확한 해를 구하기는 쉽지 않고 정확한 해법이 알려진 형태도 극히 일부이다. 하지만 실제 상황에서는 약간의 오차가 있더라도 해와 비슷한 값을 알 필요가 있으므로 실용적으로 사용할 수 있는, 정확한 해와의 오차가 특정 범위 내에 있는 근사해를 구하는 게 중요한 과제가 된다.

근의 공식이라든지) 푸는 방법. 그야말로 세련되고 고급스러운 답이 되겠지만, 문제는 그러한 이론을 발명하고 풀이에 적용하기까지 얼마나 많은 시간이 걸릴지는 누구도 장담할 수 없다.

물론 내가 아미르였던 시절과 알레시오인 지금 사이의 몇백 년 공백 동안 내가 모르는 또 다른(아마도 특정한 형태의) 삼차방정식 해법이 나왔을 수도 있다. 하지만 일반적인 삼차방정식의 근의 공식이 아직 밝혀지지 않았다는 사실만큼은 분명하다. 만약 그게 이미 밝혀졌다면 이런 우스 꽝스러운 문제가 시험으로 출제되지도 않았을 테니까.

… 아마도 서연이라면 삼차방정식의 근의 공식도 알고 있을 거다. 그 애는 고등학생이었던 당시에도 대학교 수학 내용을 많이 알고 있었으 니까. 서연이라면 이런 시험 정도는 그야말로 장원급제라 할 정도로 멋 진 풀이를 금방 써 제출했을 테지.

창밖에 내리는 비는 어느덧 더욱 거세져 땅땅거리는 소리를 내며 내 옆의 창문을 때리고 있다. 나는 돌아누워서 작은 창문 밖을 물끄러미 바라보았다.

서연아. 너는 지금 대체 어디서 뭘 하고 있니? 살아있기는 한 거지? 이번 생애에 우리 다시 만날 수는 있는 거… 맞지?

또다시 서연이 생각을 하니 꼬리에 꼬리를 물고 무수한 상념이 피어 오른다. 나는 길게 푹 한숨을 내쉬고선 기지개를 쭉 켰다.

그래. 마침 딱 시간 보내기 좋은 주제가 생겼네. 삼차방정식의 근의 공식. 한동안은 이 녀석이나 한번 연구해 봐야겠다.

V.

"이 뜨거운 날씨에 굳이 직접 가시겠다니. 레오나르도 님도 참 어지간하십니다. 그냥 심부름을 보내시지."

"저도 그러고 싶긴 한데 아무래도 이번 일은 직접 가야만 마음이 편할 거 같아서 말이죠. 어차피 집에 있어 봐야 이게 머리에 계속 맴돌 거 아닙니까? 그럴 바엔 그냥 차라리 제가 직접 다녀오는 게 낫죠."

"뭐, 모쪼록 햇볕에 정수리 안 타시기를. 하하."

레오나르도는 나의 농담에 자신의 모자를 톡톡 치면서 씩 웃었다.

"그러지 말고 알레시오 님도 저와 함께 가면 참 좋을 텐데 말이죠. 이참에 시칠리아 궁정 사람들과 인맥도 트실 수 있고…."

"어휴, 아닙니다. 저는 그런 거 부담스러워요. 그냥 전 레오나르도 님의 숨은 조력자 역할에 족합니다."

나는 한사코 손을 저었다. 레오나르도는 그런 날 보며 하하 웃었다.

그는 작성한 답안을 제출하기 위해서 시칠리아로 떠나려는 참이다. 결국 나는 오늘까지도 삼차방정식의 근의 공식을 알아내지는 못했다. 하지만 레오나르도는 자기 나름대로 1, 2번 문제의 답을 냈고 무척이나 자신의 답에 만족스러워했다. 어제저녁에 내 방에 와서 자랑스레 자신의 풀이를 보여주더니 오늘 아침에는 해가 뜨자마자 이렇게 시칠리아로 떠나기 위해 부산을 떨었다.

어제 그의 답안을 대충 보았을 때, 아마도 그는 1번 문제의 부정방정식을 만족하는 하나의 유리수 해를, 그리고 2번 문제는 방정식을 만족하는 하나의 근사해를 찾았던 듯하다. 부정방정식의 일반적인 해를 구한 게 아니라 하나의 사례를 찾아낸 점도, 삼차방정식의 정확한 해가 아니라 근사해를 제시한 점도 나로서는 하고 싶은 말이 많았지만, 어제는 그냥 대단하다며 찬사를 보냈다. 어차피 내가 답에 대해서 책임을 지는 상황도 아니거니와 기쁜 마음으로 들뜬 어제저녁의 그의 마음을 망치고 싶지 않았기도 해서다.

"알레시오 님! 집 잘 지켜 주십시오. 그리고 다들! 알레시오 님을 나라 생각하고 극진히 잘 모셔야 한다!"

하인들은 일제히 레오나르도에게 고개를 숙였고 레오나르도는 집사 파비오의 어깨를 두어 번 두드렸다. 나는 손을 들어 인사를 건넸고, 그도 가볍게 고개를 숙여 인사에 답을 하고선 뒤돌아 걸어갔다.

그런 그의 뒤를 하인 몇이 따랐다. 그중에는 산반서의 초판본과 소책자를 한가득 짊어진 이도 있었다.

VI.

여정을 마치고 돌아온 레오나르도는 의외로 차분한 모습이다. 답안 제출은 잘 되었는지 물어보니, 그에 대해서는 저녁 식사 후에 따로 이야기하자며 뜸을 들였다. 그러고는 자신의 방에 들어가 그동안 쌓였던 집안일부터 처리하는 모습이었다.

하지만 집주인이 무사히 돌아온 날이니만큼, 집안 분위기는 모처럼 만에 시끌벅적하다. 그렇게 준비된 오늘의 저녁상은 역시나 몹시 화려했다. 돼지고기와 청어, 트리와 파이, 각종 채소 요리와 맛있는 술 등.

하지만 저녁 식사를 하는 동안에도 레오나르도는 여정 중에 있던 소소한 사건들만 늘어놓을 뿐, 시험이나 산반서에 관한 이야기는 일절 꺼내지 않았다. 나 역시 차분함을 넘어서 어딘가 가라앉은 듯한 그의 분위기에 솟구치는 궁금증을 차마 입 밖으로 꺼내지는 못했다.

어느덧 가볍게 술에 취해 얼굴이 빨갛게 달아오른 레오나르도는 자리에서 일어나 자신의 서재로 향했다. 나는 그런 그의 뒤를 쫓았고, 마침내 서재에 그와 나 단둘이 남겨지자 그는 가늘고 긴 한숨을 내쉬었다.

"레오나르도 님. 이제 좀 얘기해 주시죠. 일이 어떻게 됐길래 그러시는 겁니까?"

그는 책장에 등을 기대 한참을 더 입을 꾹 닫고 있더니 마침내 그 무거운 입을 열었다.

"후우… 그냥 알레시오 님에게 나머지 문제들도 다 맡길 걸 그랬나 봅니다."

"네?"

"저의 답은 별로 특출나지 않더라고요. 그렇다고 해서 빨랐던 것도 아니고 말이죠. 아하하…"

"…"

그는 그대로 바닥에 주저앉았고, 나는 그런 그에게 다가가 마주 앉았다.

"잠자는 시간을 제외하고는 끼니도 길에서 때우면서 최대한 빨리 간다고 갔는데, 허무하게도 저보다 무려 일주일이나 일찍 답을 제출한 사람이 있더군요. 그게 말이 되나 싶어서 요하네스에게 부탁해 그 답안도 제 눈으로 직접 확인해 봤는데… 맙소사. 저는 차마 그 자리에서 다 이해할 수도 없을 만큼 높은 수준의 답이었습니다."

"…"

물론 세상은 넓고 뛰어난 수학자도 그만큼 많을 테니 그럴 수도 있을 테지.

"에이. 하지만 분명히 레오나르도 님의 답안도 좋은 답안이었을 텐데요. 너무 신경 쓰지 마십쇼. 하나의 문제에도 얼마든지 다양한 답은 나오는 법이니까, 그 사람의 답이 레오나르도 님의 답 방향과 겹칠 일도 아주 드물 테고요."

"… 그거야 알레시오 님의 말씀이 맞습니다만, 그런 정도의 수준이 아니었습니다. 한눈에 봐도 제 답보다는 훨씬 훌륭한 풀이란 게 느껴졌으니까요. 절대적인 기준으로 제 답보다 제출도 내용의 질도 앞선 답안인 겁니다. 게다가 그 사람은 저보다 시험지도 늦게 받았는데 말이죠."

"…"

"물론 지금은 다 받아들인 상태입니다. 비록 처음에 원했던 결과가 안 나온다면 슬프기는 하겠지만. 하아… 이제는 그런 문제보다도 앞으로 제가 어떻게 공부해야 할지가 더 큰 고민이죠."

"아…"

그는 땅을 보며 피식 웃었다.

"어차피 제가 아직 많이 부족하다는 건 그 누구보다 제 자신이 가장 잘 알고 있었습니다. 알레시오 님을 처음 봤을 때도 느꼈고요. 이번에 또다시 그 사실을 확인한 거로 생각해야죠. 이제부터는 진짜 열심히 공부할 겁니다! 현재 맡은 일들도 가능한 한 많이 내려놓을 계획입니다."

비록 그 내용은 무겁지만, 말하고 있는 레오나르도의 표정은 아까보다 확실히 많이 편해진 듯하다. 이런 속 깊은 얘기를 계속 혼자서 되뇌기만 하고 그 누구에게도 꺼내놓지는 못했을 테니 그동안 그리도 흙 씹은 듯한 얼굴이었던 거구나 싶다.

그런데 그렇게나 대단한 답안이었단 말인가? 대체 어떤 풀이었기에 레오나르도가 저렇게 큰 충격을 받은 거지? ··· 설마 그 답을 제출한 수학자는 삼차방정식의 근의 공식을 알아내기라도 한 걸까? 그러지 않고서야 레오나르도의 답안과 그 정도로 수준이 차이 나기는 어려웠을 텐데.

거참, 궁금하다. 이럴 줄 알았으면 나도 레오나르도를 따라나서는 거였는데.

"레오나르도 님. 그 먼저 답을 제출하고 갔다는 수학자는 대체 어떤 사람이라던가요? 이슬람 수학자랍니까? 아니면 힌두?"

"아, 저도 지금은 그 수학자가 누군지 궁금하긴 한데, 그때는 제가 워낙 당황해서 그런 것까지 물을 겨를이 없었습니다. 사실 그 사람의 답안지를 본 것도 저이니까 간신히 가능했던 거예요. 원래는 당연히 외부에 공개되지 않는 자료니까요."

흠. 그렇다면 앞으로도 그 답을 다시 확인해 볼 기회는 없다는 얘기인 건가? 이런 낭패가…. 상황을 보아하니 레오나르도가 그 답을 기억하고 있을 리도 만무해 보이고.

"그런데 독특한 점이 하나 있었습니다. 경황이 없던 와중에도 제 친구가 그 말을 해준 건 기억이 나요. 그 수학자, 무려 여성이었다더군요."

"… 네?!"

"심지어 젊은 사람이라고도 했습니다. 대단한 실력을 갖춘 젊은 여성 수학자라니. 어쩌면 우리와 이 시대를 함께 살아가고 있는 히파티아의 또 다른 현신일지도요. 핫하하."

순간 나의 심장은 덜컥.

이내 터질 듯이 박동이 뛰며 온몸의 털과 머리카락이 모두 쭈뼛 곤두섰다.

"그, 그 사람!"

"네?"

"그 사람! 제가 어디로 가면 만날 수 있습니까!? 네!?"

의문의
여자

I.

목재 골조 사이로 벽돌이 가득 채워진 벽. 지어진 지 얼마 되지 않았는지 흠집 하나 없는 깔끔한 나무 문. 나는 지금 그 앞에 서 있다.

그동안 참 많은 일이 있었다. 아니 사실 정작 바쁘게 움직인 사람은 내가 아니라 레오나르도였지만.

레오나르도는 고맙게도 나의 무리한 부탁을 끝내 들어주었다. 여기 주소를 알아내기 위해서 그는 시칠리아 궁정에 있는 자신의 친구에게 마음에도 없는 거짓말도 하였다고 한다. 자신이 그 여성 수학자에게 깊은 관심이 생겼으니 꼭 좀 만나 보고 싶다든지, 주소를 알려줬다는 사실은 절대 비밀에 부치고서 완벽하게 우연을 가장한 만남을 계획하겠다든지 등등. 사실 따지고 보면 그의 말이 모두 거짓말이었다고만은 볼 수 없다. 다만 그 주체가 레오나르도가 아니라 나였을 뿐이다.

어찌 됐든 우여곡절 끝에 드디어 그녀를 만나는 순간이다. 여기까지 올 수 있는 경비도 넉넉히 챙겨주고 잘 만나고 오라며 멋진 새 옷도 선물해준 레오나르도에게는 훗날 꼭 보답해야지.

하지만 막상 이렇게 그녀의 집 문 앞에 서니 복잡한 심경이 되어 문을 두드리기 망설여진다. 뭐니 뭐니 해도 가장 큰 걱정은 그녀가 서연이 아니면 어떡하지 하는 걱정. 서연이일 거라는 확신 하나만 갖고 여기까지 왔건만, 혹시라도 내가 헛걸음을 한 거라면?

… 그래도 '그 녀석'이 분명히 예전에 내게 레오나르도를 따라가면 서연이를 다시 만날 수 있을 거라는 장담도 했었고, 더군다나 지금 시대에 수학자라는 직업을 가진 여성은 아주아주 드무니까….

그래. 서연이일 거야.

떨리는 가슴을 진정시키려고 크게 두 번 심호흡하고서, 조심스럽게 집 문을 두드려 보았다. 하지만 문을 두드린 지 오랜 시간이 지나도록 안에서는 아무런 반응이 없었다.

"저, 저기… 안에 혹시 계십니까?"

나는 좀 더 세게 그녀의 집 문을 쳤다. 그러자 마침내 안에서 이쪽으로 걸어 나오는 발소리가 들렸다.

벌컥.

나는 급하게 환한 미소를 지어 보였다. 하지만 이게 웬걸. 문을 열고 나온 사람은 상체를 훤히 드러낸 웬 남성이었다.

"나마스테[1]. 누구십니까?"

---

1 나마스테(Namaste)는 '존경' 또는 '존중'이라는 뜻을 담고 있는 Namah와 '당신'이라는 뜻을 담고 있는 Aste 가 합쳐진 힌두교도들의 전통적인 인사말이다.

"예? 아, 아! 나마스테."

남자의 갑작스러운 합장에 나도 따라서 주춤주춤 합장했다. 남자의 양미간에 칠해진 검은 틸락[2]이 눈에 띈다.

그런데 누구지 이 사람은? 서연이는? 내가 설마 집을 잘못 찾아온 건가?

이러지도 저러지도 못한 채 우물쭈물하는 나와 그런 나를 의아한 표정으로 빤히 쳐다보고 있는 사내 사이의 어색한 분위기에 숨이 멎을 것만 같던 그때, 안에서 어떤 우아한 여성의 목소리가 들려왔다.

"누가 왔어?"

까치발을 들어 사내의 어깨너머로 집 안을 보니, 한눈에 봐도 나와 비슷한 나이로 보이는 여성이 계단을 걸어 내려오고 있었다.

II.

아무래도 여기서 오래 살았던 건 아닌지, 집 안의 가구들이 대부분 새것이고 구성 또한 단출하다. 하지만 입구로 마중 나왔던 사내 말고도 집 안에서 허드렛일하는 사람이 여럿 보이고, 하나하나가 상당한 고

---

2 틸락(Tilak)이란 힌두교의 종교의식에서 유래한, 남성의 이마 가운데 칠하는 점 또는 장식이다. 여성의 경우엔 빈디(Bindi)라 한다.

가로 보이는 장식품들도 눈에 띄는 걸 보면 결코 평범한 집안의 사람은 아닌 듯하다. 서연이, 아니 서연이일지도 모르는 이 여자는 말이다.

"다과 좀 내올래? 푸리랑 라씨[3]도."

"네."

접객실로 날 안내한 여자는 뒤따라온 이에게 심부름을 보내고선 내게 의자에 앉길 권했다. 그러고 나서 자신도 그 맞은편 자리로 가 앉았다. 그녀의 이마에 칠해진 붉은 빈디에 자꾸만 시선이 가지만, 한편으로는 그게 신두르[4]가 아니라는 데에 묘한 안도감도 든다.

"호기심에 들어오시라고는 했지만, 무엇인가요? 저에게 꼭 해야 한다는 그 중요한 얘기가?"

"아… 그게."

집에 들어오기 전까지는 터질 듯이 두근거리던 심장도 어느덧 차분해졌다. 나는 조심스럽게 그녀와 눈을 마주하였다.

… 그런데 어딘가…

"왜 그런 눈으로 저를 보시는 거죠? 혹시 절 아시나요?"

"네? 아아! 죄송합니다."

괜히 민망해진 나는 급히 그녀에게서 시선을 돌렸다.

어떻게 대화를 시작해야 하지? 일단은 내가 누군지부터 알려줘야 하

3　푸리(Puri)는 반죽을 기름에 튀겨서 부풀린 인도식 스낵이고, 라씨(Lassi)는 발효 유제품인 다히를 넣어 만든 대중적이고 전통적인 인도의 음료이다.

4　신두르(Sindoor)는 붉은 가루를 의미하며 힌두교에서 결혼한 여성의 의미로 상징된다.

나? 그런데 뭐라고 날 소개하지?

아하! 그래!

"제 소개부터 드리자면, 우선 제 이름은 아미르입니다. 그전에는 이아손이었고. 더 전에는 율리우스… 그리고 엘마이온이었던 적도 있었죠."

말을 마치고서 나는 그녀의 눈치를 살폈다. 그런데 내 말을 들은 그녀의 표정은 점차 묘하게 심각해지더니 이내 고개를 반쯤 갸웃거렸다.

"이름이 참 많으시군요. 그것도 지역별로 말이죠. 무슨 사연이라도 있는 건가요?"

"네?"

어라? 이건 내가 기대했던 반응이 아닌데…?

"보통 그렇게 많은 이름을 가진 사람들은 범죄자이거나 사기꾼이죠. 자신의 신분을 위장하기 위해서. 의문인 건 왜 저에게 그 이름들을 다 말해주냐는 겁니다."

"아, 아니 이건 그런 게 아니라!"

얼굴이 화끈거린다. 급기야 그녀는 이제 그 큰 눈을 가늘게 뜨고서 나를 의심스러운 눈초리로 쳐다보고 있었다.

"제, 제가 여행을 워낙 좋아해서 어릴 적부터 세계 여기저기를 다니다 보니. 하하! 그리고 '로마에 가면 로마법을 따르라'라고. 머무는 지역마다 거기에 맞는 이름을 새로 만들다가 보니까 그렇게 됐네요. 아하하…"

"…"

"그냥 아미르라고, 아니 알레시오라고 부르면 됩니다! 그게 저의 지금 이름이라서. 하하하. 아니, 사실은 어떤 이름으로 부르셔도 상관없긴 한데…."

진땀이 난다. 그때 마침, 아까 나갔던 여인이 다과를 한 아름 챙겨서 방 안으로 들어왔다.

우리 둘 사이에 있는 탁자 위로 먹음직스러운 과자와 빵, 과일과 음료가 놓였다. 음식이 차려지는 와중에도 내 앞의 그녀는 잠시도 내게서 시선을 떼지 않고 있었다.

"수고했어. 나가서 볼일 보고 있으렴."

하녀인 듯한 여인은 고개를 한 번 숙이고서 뒤돌아 걸어 나갔다.

방문이 닫히자 그녀는 깊게 숨을 한 번 들이쉬고서 입을 뗐다.

"통성명을 걸어오셨으니 답해드리는 게 예의겠죠. 제 이름은 릴라바티입니다. 알레시오 님이라고 했나요? 용건이 뭡니까? 별다른 내용이 없다면 아랫사람들을 부르겠습니다."

… 아까부터 내 마음은 애써 부정을 하고 있지만, 이제 더는 인정하지 않을 수 없다. 이 여자 릴라바티는 서연이가 아니다. 서연이의 그 모습이 전혀 느껴지지 않아.

그런데 그때 문득 그녀의 뒤로 벽장 한편을 가득 채운 책들이 보였다. 너무나도 익숙한 제목들. 수학책들이다.

나는 홀린 듯이 자리에서 일어나 책장 앞으로 걸어갔다. 그런 내 뒤에서 릴라바티의 목소리가 들려온다.

"뭐 하시는 건가요. 지금?"

나는 그녀의 물음에도 아랑곳하지 않고 책장에 꽂힌 책 제목을 찬찬히 살펴보았다. 혹시라도 서연이의 흔적을 찾을 수 있지 않을는지.

그 와중에 유독 '릴라바티'라는 제목을 달고 있는 책이 눈에 띄었다.

"릴라바티 님. 이 '릴라바티'라는 책은 본인께서 직접 쓰신 수학책인가요? 실례인 줄은 알지만 좀 꺼내 봐도 되겠습니까?"

"… 수학을 하는 분인가요?"

난 서슴없이 책장에서 책을 꺼내 앞표지를 넘겨 목차를 훑었다. 산술, 평면 기하, 입체 기하, 부정방정식, 조합 등 총 13개의 장으로 구성된, 적지 않은 분량의 책이다. 독특하게도 이자 계산법이나 해시계를 읽는 법 같은 실생활에의 적용을 위한 장들도 따로 마련되어 있었다.

절묘하다. 마치 그리스 수학과 동양 수학이 정확히 반반씩 섞여 들어간 모양새 아닌가?! 특히 이자 계산법과 같은 내용은 과거에 서연이가 내게 추천했던 책, 구장산술의 분위기마저 느껴진다.

"릴라바티 님! 이런 내용들은 모두 어디서 배우신 거죠? 혹시 본인의 지식을 서술하신 겁니까?"

"저의 지식입니다. 그런 건 왜 물으시는 거죠?"

"본인의 지식이라고요? 스승도 없이 이런 내용을? 그렇다면 역시…!?"

나는 놀란 표정으로 그녀를 보았다. 릴라바티는 그런 날 보고서 피식 웃었다.

"저에게 다른 스승은 필요 없습니다. 굳이 밝히자면 저의 유일한 스승이신 아버지께서 이미 세계 최고의 수학자이시니까요. 다만 그 책에

234

는 제 독자적인 연구 내용도 다수 포함돼 있습니다."

"릴라바티 님의… 아버님이 세계 최고의 수학자시라고요?"

"수학을 하시는 분이라면 제 아버지가 누군지 알 수도 있겠군요. 제 아버님의 존함은 바스카라입니다."

"예?! 수학자 바스카라?! 그분은 옛날 사람이 아닙니까?!"

릴라바티의 표정이 일그러졌다. 하지만 수학자 바스카라라면… 내가 아미르였던 시절보다도 더 옛날 사람일 텐데? 당시에 숱하게 번역했던 수학책 중 상당수가 그의 저작이기도 했으니 내가 기억을 잘못할 리는 없지 않은가!

하지만 이게 대체 어떻게 된 일이지? 설마 시대가 뒤죽박죽 섞이기라도 했다는 말인가?!

"마지막으로 묻겠습니다. 제 집에 찾아온 이유 그리고 제게 하겠다던 그 말이 뭡니까?"

"그게… 솔직히 저는 당신이 서연이라고…. 아아! 저기 혹시 사피야나 사라, 소니아, 셀레네였던 시절의 기억이 떠오르신 적은 없습니까? 아니면 이따금 심한 두통이 찾아온다든지?"

"… 아무래도 정신이 이상한 분인 것 같군요. 더는 안 되겠습니다. 얘들아!"

방문이 벌컥 열리며 덩치 큰 장정 셋이 내게로 성큼성큼 걸어왔다.

"아, 아니 저. 아! 그래. 일기! 혹시 일기를 쓰시지는 않나요? 일기를 쓰신다면 분명히… 저기, 저기요!"

사람들에게 끌려가는 와중에도 나는 온 힘을 다해서 우리가 공유하는 기억들을 풀어놓았다. 하지만 그녀는 나에게서 등을 돌린 채 단 한 번의 눈길조차도 허락하지 않았다.

Ⅲ.

다행히도 릴라바티의 집 바로 건너편에 있는 여관방을 잡은 나는 상점에서 방금 구매한 필기구를 책상 위로 쏟아놓았다.

그래. 기억을 모두 잊은 거야. 말투나 분위기가 이상해진 건 아마도 기억을 모두 잊은 채로 살아온 지 시간이 꽤 흐른 탓이야. 내가 그녀의 기억을 되찾아줘야만 해!

하지만 불현듯. 이런 생각이 스쳐 지나갔다. 내가… 그녀의 기억을 되찾아주는 게 정말 옳은 행동인 걸까.

의자에 앉아 어둠이 짙게 드리운 책상 위를 멍하니 바라본다.

그녀가 정말로 서연이라면. 서연이가 정말로 릴라바티가 맞다면. 어쩌면 그녀는 지금 더할 나위 없이 좋은 삶을 살고 있는 게 아닐까? 하인들도 딸린 부유한 가정에서. 오히려 내가… 그녀의 기억을 되돌리려는 나의 행동이 그녀를 또다시 불행하게 만드는 건 아닐지. 그냥 저렇게 과거의 기억을 모두 잊고서 릴라바티로 살아가는 게 그녀에게는 어쩌면 더 행복한 삶이 아닐는지.

하지만 그렇게 되면 내 삶은…. 내가 더 살아가야 할 이유는….

236

촛불을 켰다. 한줄기 밝은 빛이 종이 위에서 위태롭게 흔들린다.

펜을 들었다. 마치 유서를 쓰는 듯한 심정으로 그동안 그녀에게 꼭 하고 싶었던, 하지만 기회가 없어서 미처 하지 못했던 이야기를 하나하나 적기 시작했다.

사피야였던 그녀에게 실망감을 안겨주었던 철없던 시절의 나에 대한 반성. 사라였던 그녀를 죽음에까지 이르게 만들었던, 결코 용서받지 못할 나의 잘못된 판단에 대한 사죄. 아르키메데스 녀석을 이기고 얻어냈던 자유인 신분이라는 뒤늦은 선물 그리고 기억이 돌아온 미래에서의 우리가 함께했던 소소한 여러 추억들.

쓰면서 새삼 느낀 건, 우리가 함께했던 시간에서 수학이 차지하는 부분이 생각보다도 크다는 사실이다. 서연이었던 그녀와 처음 연결고리가 되어주었던 것도 돌이켜보면 수학이었고, 사피야였던 그녀와 마지막까지 함께했던 것도 수학이었으니까.

부족한 필력으로 구구절절 하고 싶은 말을 모두 쓴 후로는 기억을 더듬어가며 그동안 우리 사이에 큰 비중을 차지했던 수학을 적기 시작했다. 지금 시대에는 아직 밝혀지지 않은 미래의 수학 이론도 상당수 적었다. 서연이가 아니라면 아무도 모를 테지만, 서연이라면 당연히 알고 있을 내용들을.

IV.

밤을 꼬박 새워 편지를 쓴 나는 동이 트기 전 그녀의 집 문틈에다 밤새 적은 그 두툼한 편지를 끼워놓고 방으로 돌아왔다. 방의 창문을 열면 그녀의 집이 곧바로 보이기에 나는 창문 앞에 의자를 가져다 놓고서 그녀가 또는 그녀의 하인이 언제쯤 그 편지를 갖고 들어갈지 하염없이 지켜보고 있다.

참, 편지를 모두 적은 후 몇 가지 사실을 더 깨달았다.

첫째, 이번 삶에 덧씌워진 이후로는 그전까진 잊을 만하면 찾아왔던 '그 증상'이 단 한 번도 나타나지 않았다는 사실. 어째서인지는 모른다. 알고 싶어도 알 수 없을 테지. 애초에 그 증상은 우리 인간 세계의 병 같은 게 아니었을 테니까. 어찌 됐든 참 감사한 일이다. 그 고통은 정말이지… 매번 삶을 포기하고 싶어질 만큼 끔찍했으니까.

둘째는 '그 녀석'이 생각보다 그리 전지전능한 존재는 아닐 거란 사실이다. 물론 인간 같지도 않긴 하다. 하지만 단적으로 녀석은 나에게 여러 번 자신의 무지를 드러낸 적도 있었다. 특히 이번 삶에 덧씌워진 후로 처음 나타났을 때는 나와 서연이의 기억 회상 방법을 알려달라고도 했다. 만약에 그 녀석이 진짜로 전지전능한 존재였다면 나에게 그런 질문 따위는 할 리가 없잖은가? 무슨 거래 같지도 않은 거래까지 제안하면서 말이다.

그래서 한편으로는 불안한 마음이기도 하다. 그 녀석의 호언장담을 철석같이 믿고는 레오나르도를 따라가서 생각지 않게 책도 여러 권 써

가며 이곳까지 흘러왔지만, 애초에 레오나르도를 따라가면 서연이를 만나게 될 거라는 그 녀석의 말이 틀렸을 가능성 또한 배제할 수가 없게 된 것 아닌가? 그래 놓고서는 나중에 뻔뻔하게 "미안. 내 말이 틀렸네. 크크." 이럴지도 모른다.

마지막으로 셋째, 서연이, 아니 더 정확히는 사피야였던 서연이가 집을 떠났던 이유는 단순히 나에 대한 실망감이나 신라에 가려는 의지 또는 스승님에게 신세를 지는 게 미안해서와 같은 표면적인 것이 아니었을 거라는 사실.

정황상 서연이는 떠나는 시점에 이미 자신의 기억을 되찾은 상태였다. 그리고 미래의 기억까지 돌아왔을 서연이는 나의 철딱서니 없는 모습을 한두 번 경험했던 게 아니다. 심지어 미래에서 나는 내 입으로 스스로 수포자, 아니 수학 혐오자인 것을 마치 자랑인 양 떠들어 대는 놈이었으니까. 서연이가 아미르였던 나의 그 발언에 실망해서 나와 야쿱 스승님의 곁을 떠나갈 사람이었다면, 애초에 우리가 미래에서 친구가 될 일도 없었을 거다.

물론 역사책에서나 보았던 신라인들의 모습을 실제로 보고 싶다는 서연이의 호기심은 사실이었을 것 같다. 뒤늦게나마 기억이 돌아온 나도 궁금하긴 했었으니까. 하지만 그 시대를 살아가던 진짜 사람들(예를 들어서 후나인 선배라든지) 같이 신라에 대해서 어떠한 선망이나 환상까지 갖고 있을 리는 만무하니, 마찬가지로 그게 그녀가 떠나간 진짜 이유라고 생각되진 않는다. 더군다나 우리의 삶은 당장 언제 끝날지조차도 불확실하니까.

그런고로 서연이라면 분명히 중대하고 심오한, 어떤 내밀한 목적을 갖고서 큰 결심을 떠안고 우리 곁을 떠난 거다. 그게 구체적으로 무엇인지까지는 여전히 가늠되지 않지만.

'… 어?'

이런저런 생각을 하는 사이 릴라바티의 집 앞에서 아까부터 수상하게 서성거리던 사람 하나가 눈에 거슬린다. 더운 날씨인데도 복면으로 얼굴을 가리고 있는 것부터가 어딘지 이상한 사람이다.

나는 그자가 대체 무엇을 하는 건지 예의주시했다. 그런데 그 사람은 이내 빠른 걸음으로 릴라바티의 집 문 앞으로 가더니, 다짜고짜 내가 끼워 넣은 편지를 뽑아서 자신의 품 안으로 숨기는 게 아닌가!

"어이! 거기 너! 뭐 하는 짓이야!?"

나의 외침에 깜짝 놀란 그자는 왔던 길로 빠르게 되돌아 달아나기 시작했다. 나는 본능적으로 자리를 박차고 올라 창문을 뛰어넘었고 그대로 전력 질주하여 그의 뒤를 쫓았다.

… 이게 대체 무슨 일이란 말인가! 남의 집 문틈에 끼워진 편지를 훔쳐서 달아나는 도둑이라니!?

V.

헉! 허억!

입에서 단내가 올라온다. 하필이면 거리에 사람은커녕 개미 새끼 한 마리도 보이지 않는다.

슬슬 체력의 한계에서 '포기'라는 단어가 맴돌기 시작할 때쯤 불행 중 다행으로 놈이 방금 들어간 골목 입구로 다시 뛰어나왔다. 아마도 막다른 골목에 잘못 들었던 모양이다. 나는 마지막 남은 힘을 짜내 녀석의 코앞까지 도달했다.

"헉헉! 너, 이 자식! 가져간 편지 이리…"

뻐억!

난데없이 내 앞의 광경이 획 하고 돌아간다. 뭐지? 방금 나 한 대 맞은 건가?

쿵.

두 다리의 힘이 맥없이 풀려버렸다. 놈은 나에게 한 방 더 먹이려는 듯 성큼성큼 다가와 내 멱살을 움켜잡았고, 나는 그런 놈의 가슴팍을 붙들고서 필사적으로 늘어졌다. 그런데 그때! 놈의 머리 뒤편에서 웬 팔 하나가 불쑥 튀어나오더니 놈의 목을 조르기 시작했다.

"컥!!"

멱살을 쥔 놈의 손아귀에서 점차 힘이 빠져나갔다. 나는 그대로 다시 바닥에 풀썩 주저앉았다.

괴로움에 발버둥을 치던 놈은 이내 끄윽 소리를 내며 축 늘어졌다.

쓰러진 놈의 뒤에서 나타난 사람도 역시 눈 아래를 복면으로 가리고 있었다.

그런데 복면 위로 보이는 눈매가 어딘지 익숙한….

새로운 복면인은 바닥에 쓰러진 놈의 맥을 한 번 짚어보더니 품 안에 손을 넣어 내 편지 봉투를 꺼냈다.

"안 돼! 그건!"

저지해야 한다! 하지만 이미 풀려버린 내 두 다리는 좀처럼 힘을 내주지 못한다.

그런데 내 편지를 집어 든 그 사람은 봉투를 열어 편지를 꺼내더니 그 자리에서 그대로 읽기 시작했다. 생각지도 못한 그의 돌발적인 행동에 몹시 당황한 나는 그저 어안이 벙벙할 뿐이었다.

"… 어휴. 넌 정말."

한참 편지를 읽던 그 사람의 입에서 들릴 듯 말 듯 흘러나온 목소리.

여자 목소리다! 지금 이 상황과는 전혀 어울리지 않는, 낯설지만 아이러니하게도 많이 들어본 듯한 편안한 느낌도 드는.

잠깐. 그러고 보니… 분명히 이 목소리는….

"서, 설마… 서연이?!"

"…"

"서연이 맞지? 사피야? … 사라? 소니아?!"

"… 그래. 이 바보야."

다시 한번 들려온 그 정겨운 목소리에 반응하며 두근거리는 내 심장 박동 소리가 주위 공간을 가득 채워나갔다.

그녀는 내게 한 걸음 더 가까이 다가와 무릎을 꿇어 나와 눈높이를 맞추었다. 그리고 마침내 자신의 눈 아래를 덮고 있던 복면을 풀었다.

일순간 세상은 움직임을 멈추었다.

송골송골 땀방울이 맺힌 얼굴로 내게 부드러운 미소를 짓는 그녀.

내가 단 한순간도 잊지 못했던 서연이의 얼굴이었다.

울컥 차오르는 눈물이 앞을 가린다. 그녀는 천천히 팔을 들어 자신의 소매로 흐르는 내 눈물을 닦아 주었다. 그 따스한 손길은 내 마음의 빗장을 열었고, 그동안 꽁꽁 갇혀 있었던 설움과 원망이 한꺼번에 물밀듯이 터져 나왔다.

"그동안 대체 어디 갔던 거야!? 내가 얼마나 널 찾아 돌아다녔는지 알아? 그동안 네가 얼마나 보고 싶었는지 아냐고! 어? 어떻게 그렇게 한마디 말도 없이 떠날 수가 있어? 그때 너는 이미 기억도 다 돌아왔을 거면서! 어떻게…"

말없이 내 투정을 들으며 눈물을 닦아주는 그녀의 두 눈에도 어느새 촉촉이 눈물이 고였다. 이내 서연이는 그 예쁜 입술을 다시 열어 내게 답했다.

"미안해. 다 너를 살리기 위해서였어. 우리 둘 다 무사히 돌아가기 위해서."

마치 한 마디 한 마디를 꾹꾹 눌러 담듯 서연이의 목소리는 차분하지만 미세하게 떨리고 있었다.

"너는… 내가 꼭 지킬 거니까."

그녀의 예쁜 두 뺨 위로도 눈물이 흘러내렸다.

피보나치는 어떤 사람인가?

레오나르도 피보나치(1170년~1245년 추정) 또는 레오나르도 피사노는 이

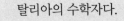

탈리아의 수학자다.

그는 피사에서 태어났다. 그의 아버지 굴리엘모는 수완이 탁월한 상인이자 북부 아프리카 버기아 항구의 무역 통상 대표 겸 세관원이었다. 레오나르도는 그런 아버지를 따라 아랍권을 자주 다녀왔고, 당시 최신의 이슬람 수학을 배울 수 있었다.

"인도인들의 아홉 개 기호가 나타내는 예술을 알게 되었을 때 나는 그 무엇보다도 기뻤다. 그리고 이집트, 시리아, 그리스, 시칠리아와 프로방스 등에서 다양한 형태의 그 예술을 공부하였다." – 레오나르도 피보나치

오늘날 대중에게 그는 '피보나치 수열'로 유명하지만, 그의 큰 업적은

---

1 피보나치-출처: https://www.thoughtco.com/leonardo-pisano-fibonacci-biography-2312397

다름 아닌 그의 대표 저서 『산반서(Liber Abaci)』가 힌두-아라비아 수 체계를 서양에 전파하는 데 큰 기여를 했다는 점이다. 그 외에도 그는 『평방 교본(Liber Quadratorum)』, 『수론(Fros)』, 『기하학 실습(Practica Geometriae)』 등 다양한 수학 저서를 남겼다.

피사 공화국은 1240년에 회계 및 교육 고문으로서 그의 공헌을 높이 치하하는 포고령을 내려 그에게 영예를 안겨주었다.

여담으로 『산반서』의 서문에 쓰인 라틴어 원문 'Filius Bonacci'는 '보나치의 아들'이란 뜻이다. 이를 신성 로마 제국의 공증인이었던 페리졸로가 'Fibonacci'라고 줄여 부른 데서 오늘날 레오나르도의 별칭인 '피보나치'가 유래했다고 알려져 있다.

바스카라 2세와 릴라바티

중세 인도의 가장 위대한 수학자로 꼽히는 바스카라(1114년 - 1185년)는

우자인(Ujjain)의 천문대장이었다. 0을 포함한 힌두 십진법 수 체계를 처음으로 쓴 7세기의 인도 수학자 바스카라(600년~680년)와 구별하여 편의상 '바스카라 2세'라고 부르기도 한다. 바스카라 2세는 특히 미적분의 원리를 발견하여 이

---

2 릴리바티 초상화-출처: https://clioschronicles.quora.com/Bhaskaracharya-and-His-Lilavati

를 천문학에 적용한 업적으로 유명하다.

바스카라의 딸인 릴라바티 역시 탁월한 수학 능력으로 유명했으며 그녀의 아버지 바스카라의 훌륭한 조력자였다고 전해진다. 그녀의 이름이 붙은 수학책『릴라바티(Līlāvatī)』에는 총 13개의 장에 걸쳐 280여 개의 시문 형식으로 구성된 수학 문제와 그 해설이 수록되어 있다.

프리드리히(페데리코) 2세와 피보나치

신성 로마 제국의 황제이자 시칠리아 왕, 독일 국왕, 예루살렘 국왕을 겸한 프리드리히 2세(1194년~1250년)는 학문과 예술을 좋아했으며 타문화에 대한 포용력이 넓은 황제였다. 특히 수학과 기하학, 천문학에 관심이 많아 이탈리아 나폴리에 대학을 세우고 자신이 태어나고 자랐던 팔레르모 궁전 안에도 연구소를 세워 많은 학자를 불러들였다.

1200년경 피사에 방문했던 프리드리히 황제는 평소 피보나치와 교류하던 궁정 학자들을 통해서 피보나치의 책인 산반서를 접했고 깊은 인상을 받았다고 전해진다. 또한, 황제의 궁정 수학자 중 한 명인 팔레르모의 요하네스가 출제한 시험 문제를 모두 해결한 피보나치를 피사의 궁전(호라담)에 초대하기도 하였다.

그 이후로 프리드리히 황제는 피보나치에게 연금을 수여하여 그가 연구에만 전념할 수 있도록 도왔다고 한다. 실제로 피보나치는 자신의 저서 여럿을 황제에게 바치기도 했는데, 이는 황제의 후원에 대한 그의 감사의 표시였다고 보는 의견이 있다.

에피소드 6에 나오는 수학

① 기수법

기수법(numeral system)은 수를 시각적으로 나타내는 방법으로, 가장 단순하고 원시적인 기수법은 1에 대한 표기만 가지고 모든 수를 표현하는 단항 기수법이다. 이후 특정 수들에 대한 표기를 가지는 명수법, 숫자의 위치와 계수를 이용하여 수를 나타내는 위치값 기수법 등의 형태로 발전하였다.

$$| | | | | | | | | | | | | | | | | = X \ V \ I \ I = 17$$

[단항 기수법]　　　[명수법] [위치값 기수법]

고대 그리스와 이집트 그리고 로마 등에서 쓰인 기수법이 명수법의 대표적인 예이며, 고대 중국과 인도 등의 기수법은 대표적인 위치값 기수법들이다. 특히 인도는 0의 도입을 통해 위치값 기수법을 완성했다는 평가를 받는다.
현대에는 2진법, 10진법, 60진법 등의 다양한 위치값 기수법이 사용되고 있다.

② 수열

수열(sequence)은 수 또는 다른 대상의 순서 있는 나열이다. 수열을 이루는 구성원을 수열의 항(또는 원소)이라 하고, 특정되지 않은 일반적인 제n항을 수열의 일반항이라고 한다. 또한, 수열의 길이가 유한하면 유한수열, 무한하면 무한수열이라 부른다.

ex) 무한수열 2, 4, 6, 8, 10, 12, 14, … 의 일반항 ⇨ $2n$

수열에 대한 가장 오래된 기록은 기원전 1650년경 제작된 것으로 추정되는 고대 이집트의 린드 파피루스에 수록된 곡물 분배 문제로 알려져 있다. 한편 피타고라스학파에서는 삼각수[1], 사각수 등의 연구를 통해 다음 두 수열의 합 공식을 유도하기도 했다.

$$1 + 2 + 3 + 4 + \cdots + n = \frac{n(n+1)}{2}$$
$$1^2 + 2^2 + 3^2 + 4^2 \cdots + n^2 = \frac{n(n+1)(2n+1)}{6}$$

③ 피보나치 수열

피보나치 수열은 첫째와 둘째 항이 1이며 그 뒤의 모든 항은 바로 앞 두 항의 합인 수열(처음 여섯 항은 각각 1, 1, 2, 3, 5, 8)이며, 이 수열의 항들은 피보나치 수라 부른다. 일반항은 레온하르트 오일러가 1765년에 처음 발표했으나 잊혔고, 1848년에 자크 비네에 의해 재발표되었다. 그 식은 다음과 같다.

$$a_n = \frac{\varphi^n - (1 - \varphi)^n}{\sqrt{5}}$$ (φ는 황금비)

피보나치 수가 처음 언급된 문헌은 기원전 5세기 인도의 수학자 핑갈라가 쓴 책이다. 7세기경에 활동한 인도 수학자 비라한카의 저서에서도 피보나치 수가 등장한다. 현대에 피보나치 수열은 컴퓨터 과학에서 자료 구조와 알고리즘의 최적화, 생물학에

---

1 삼각수는 1부터 시작하는 연속된 자연수의 합을 나타내는 수이다. 이는 그림과 같이 정삼각형 모양으로 배열된 물체의 개수와 같기에 '삼각'수라 부른다.

서 식물 성장의 동역학, 금융공학에서 주식 시장의 움직임을 설명하는 엘리어트 파동 이론 등 다양한 분야에서 광범위하게 활용되고 있다.

④ 황금비

황금비(Golden Ratio)는 어떤 두 수의 비율이 그 합과 두 수중 큰 수의 비율과 같아지도록 하는 비율로, 근삿값이 약 1.618인 무리수이다. 기호 φ(파이)로 많이 나타내며 그 정확한 값은 다음과 같다.

$$\varphi = \frac{1 + \sqrt{5}}{2} = 1.61803398\ldots$$

수학의 여러 영역에서 중요한 상수로 등장하는 탓에 13세기 이전 수학자들 사이에서도 이미 이 비는 '신성한 비'라는 이름으로 구전되었고, 이탈리아 수학자 루카 파치올리가 1498년에 출간한 『신성한 비율』에서는 이 비에 대해 다음과 같은 묘사가 등장한다.

"이 비는 산술적으로 나누어지지 않기에 말로써 한정하기 어렵고, 그 자신으로서 존재하며, 신과 같이 특별하다." - 루카 파치올리

'황금비'라는 이름이 굳어진 건 19세기 이후이며, 기호 φ는 황금비를 유독 즐겨 썼다고 알려진 그리스 조각가 페이디아스(Φειδίας)를 기리는 의미라 여겨진다.

⑤ 수식

수식(mathematical expression)은 수학 표기와 수학 기호를 사용하여 수학적 관계를 나타낸 것이며, 등식, 부등식, 논리식 등이 있다.

수학적 관계를 수식으로 나타내기 시작한 것은 근대 이후의 일이고, 보편화된 건 아이작 뉴턴이 『자연철학의 수학적 원리(프린키피아, Principia)』을 출간한 17세기 무렵으로 본다. 그 이전에는 세계의 모든 문화에서 수학적 관계를 문장으로 서술하였다.

⑥ 등식과 부등식

둘 이상의 동일한 수학적 대상을 등호(=)로 연결해 표현한 관계식을 등식이라 하고, 두 수학적 대상의 순서 관계를 부등호(<, ≤, >, ≥, ≠)를 이용해서 표현한 식을 부등식이라 한다.

미지수를 포함한 등식과 부등식은 다음과 같이 세분된다.

	등식	부등식
미지수에 어떤 수를 대입하여도 항상 참	항등식 ex. $x - x = 0$	절대부등식 ex. $\lvert x \rvert \geq x$
미지수의 값에 따라서 참 또는 거짓	방정식 ex. $x + 1 = 0$	조건부등식 ex. $x < 0$

⑦ 부정방정식과 디오판토스 방정식

부정방정식(Indeterminate equation)의 정의는 명확하지 않다. 즉, 상황에 따라서 부정방정식의 의미는 가변적이다. 다만 주로 채택되는 부정방정식의 정의 세 가지를 추려보면 다음과 같다.

　ⅰ. 해의 개수가 둘 이상인 방정식.

　ⅱ. 해의 개수가 무수히 많은 방정식.

　ⅲ. 디오판토스 방정식(Diophantine equation)

디오판토스 방정식의 정의 역시 명확하지는 않은데, 주로 채택되는 디오판토스 방정식의 정의는 다음과 같다.

　ⅰ. 정수(또는 유리수) 해만을 허용하는 다항방정식.

　ⅱ. 둘 이상의 미지수를 포함하고, 정수 해만을 허용하는 다항방정식. 여기에 '방정식의 계수가 모두 정수'라는 조건이 붙기도 한다.

디오판토스 방정식이라는 명칭은 3세기에 활동한 그리스 수학자 디오판토스가 이런 유형의 방정식들을 연구하여 그의 저서 『산법(Arithmetica)』에 정리하였기 때문에 붙었다. 디오판토스는 그 책에서 자연수 또는 양의 유리수만을 방정식의 해로 취급하였다.

오늘날에는 이러한 디오판토스 방정식을 연구하는 수학 분야를 '디오판토스 해석학'이라 부른다.

| 참고 1 | 제곱수의 합 공식

합 공식 $1^2 + 2^2 + 3^2 + 4^2 \cdots + n^2 = \dfrac{n(n+1)(2n+1)}{6}$ 가 성립함은 다음과 같이 증명할 수 있다.

곱셈공식에 의해 $(k+1)^3 = k^3 + 3k^2 + 3k + 1$

$$\Rightarrow (k+1)^3 - k^3 = 3k^2 + 3k + 1$$

$k=1$일 때, $2^3 - 1^3 = 3 \times 1^2 + 3 \times 1 + 1$

$k=2$일 때, $3^3 - 2^3 = 3 \times 2^2 + 3 \times 2 + 1$

$k=3$일 때, $4^3 - 3^3 = 3 \times 3^2 + 3 \times 3 + 1$

$$\vdots$$

$k=n$ 일때, $(n+1)^3 - n^3 = 3 \times n^2 + 3 \times n + 1$

위의 식들을 변끼리 더하면,

- 좌변 $= \{2^3 - 1^3\} + \{3^3 - 2^3\} + \{4^3 - 3^3\} + \cdots + \{(n+1)^3 - n^3\}$

  $= (n+1)^3 - 1^3 = (n+1)^3 - 1$

- 우변 $= 3 \times (1^2 + 2^2 + 3^2 + \cdots + n^2) + 3 \times (1 + 2 + 3 + \cdots + n) + n$

  $= 3S + 3 \times \dfrac{n(n+1)}{2} + n$ (단, $S = 1^2 + 2^2 + 3^2 + \cdots + n^2$)

그러므로 $(n+1)^3 - 1 = 3S + 3 \times \dfrac{n(n+1)}{2} + n$

$$\Rightarrow 3S = (n+1)^3 - 1 - \dfrac{3n(n+1)}{2} - n = \dfrac{n(n+1)(2n+1)}{2}$$

$$\Rightarrow S = \dfrac{n(n+1)(2n+1)}{6}$$

| 참고 2 | 정오각별과 황금비

정오각형의 각 꼭짓점을 이었을 때 나오는 별 모양의 도형을 정오각별(Regular Pentagram) 또는 피타고라스의 별이라 하며, 이 도형은 도형을 이루는 각 선분 길이의 비가 황금비를 이룬다는 특성을 갖는다.

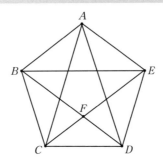

위 정오각형에서 선분 AB는 선분 EC와 평행하고, 선분 AE는 선분 BD와 평행하며, 선분 BE는 선분 CD와 평행하다. 따라서 두 삼각형 ABE와 FCD는 닮은꼴이며, $\dfrac{\overline{BE}}{\overline{AB}} = \dfrac{\overline{CD}}{\overline{FC}}$가 된다.

이제 정오각형의 한 변의 길이를 1, 대각선의 길이를 x라 하자. 사각형 $ABFE$는 마름모[2]이므로 $\overline{FE} = \overline{AB} = 1$이고, $\overline{CF} = \overline{CE} - \overline{FE} = x - 1$이다.

따라서 $\dfrac{\overline{BE}}{\overline{AB}} = \dfrac{\overline{CD}}{\overline{FC}} \quad \Rightarrow \quad \dfrac{x}{1} = \dfrac{1}{x-1}$

$$\Rightarrow \quad x \times (x-1) = 1 \times 1$$

$$\Rightarrow \quad x^2 - x - 1 = 0$$

x는 양수이므로 근의 공식에 의해 $x = \dfrac{1+\sqrt{5}}{2} \fallingdotseq 1.618$

---

2 마름모는 네 변의 길이가 모두 같은 사각형으로, 두 대각선이 서로 수직이라는 특성을 갖는다.

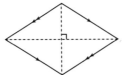

매스매틱스 3

초판 발행 · 2022년 4월 30일
초판 2쇄 발행 · 2022년 12월 26일

지은이 · 이상엽
발행인 · 이종원
발행처 · (주)도서출판 길벗
출판사 등록일 · 1990년 12월 24일
주소 · 서울시 마포구 월드컵로 10길 56(서교동)
대표전화 · 02)332-0931 | **팩스** · 02)323-0586
홈페이지 · www.gilbut.co.kr | **이메일** · gilbut@gilbut.co.kr

기획 및 책임편집 · 김윤지(yunjikim@gilbut.co.kr) | **디자인** · 박상희 | **제작** · 이준호, 손일순, 이진혁
영업마케팅 · 진창섭, 강요한 | **웹마케팅** · 송예슬 | **영업관리** · 김명자 | **독자지원** · 윤정아, 최희창

교정교열 · 김창수 | **전산편집** · 도설아 | **출력 및 인쇄** · 예림인쇄 | **제본** · 예림바인딩

ISBN 979-11-6521-945-1 (04410)   (길벗 도서번호 080318)
ISBN 979-11-6521-372-5 (04410)   세트

정가 14,000원

독자의 1초를 아껴주는 정성 길벗출판사

길벗 IT단행본, IT교육서, 교양&실용서, 경제경영서
길벗스쿨 어린이학습, 어린이어학

MEMO.

MEMO.

MEMO.

이 책을 먼저 본 베타 리더의 말

수학사와 낭만적인 서사를 잘 녹여내 독자에게 부담을 주지 않고, 입시 공부에 매몰된 한국 학생을 잘 이해하여 읽는 내내 위로받는 기분이었습니다.
— 하유경(중학생)

수학 속으로 깊이 들어가면서도, 무겁지 않고 자연스럽게 '수'며들게 합니다. 교과서에서 살짝 언급된 수학 공식들을 그 시대에 사는 한 사람의 시점으로 재해석한 것이 참신했습니다. — 황수빈(중학교 수학 교사)

수학에 대해 쉽게 가질 수 있는 막연한 두려움과 그로 인한 진입 장벽을 뚫어주는 책입니다. 이 책이 수학의 대중화에 첫걸음이 될 수 있음을 믿어 의심치 않습니다. — 윤준혁(CG 기술자)

수학사를 중심으로 하나둘 풀리는 주인공들의 관계와 상세한 내용과 묘사가 사람을 몰입하게 만드는 소설이었습니다.
— 채문균(KAIST 부설 한국과학영재학교 재학생)

수학이란 무기로 세상에 선한 영향력을 펼쳐가는 인물들을 경험할 수 있습니다. 쉽게 읽히면서도 올바른 삶의 방향을 제시해 주는 유익하고 재미있는 책입니다. — 김주현(고등학교 수학 교사)

이전에 알지 못하였던 수학자들을 알게 되어서 유익했습니다. 수학 공식에 대한 자세한 설명이 소설 내용과 자연스럽게 매치되어, 하나하나 톺아보는 재미를 주고 끊임없이 호기심을 일으켰습니다. — 박준우(중학생)

어떻게 하면 수학을 재밌고 흥미롭게 아이들에게 전할 수 있을까에 대한 고민의 해답이 되는 책이었습니다. — 김은준(연세대 수학교육 대학원생)

학교에서 배우지 못했고, 배우지 못할 내용을 스토리로 풀어내는 것이 좋았습니다. 이 책이 단순한 개념서가 아닌, '수학 소설'이라 불리는 데에는 이유가 있다는 생각이 들었습니다. — 김태민(고등학생)